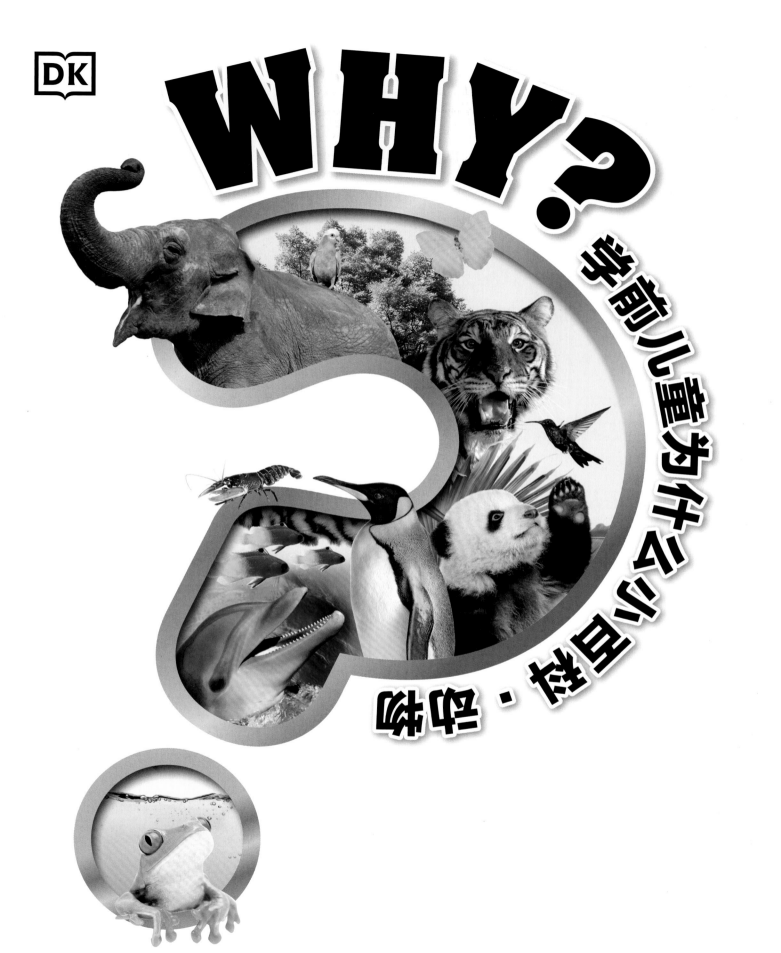

WHY?

学前儿童为什么小百科·动物

WHY?

学前儿童为什么小百科·动物

陈超 译

中国大百科全书出版社
Encyclopedia of China Publishing House

Original Title: Do You Know About Animals?
Copyright © 2016 Dorling Kindersley Limited
A Penguin Random House Company

北京市版权登记号：图字 01-2018-2461
审图号：GS（2019）1234号

图书在版编目（CIP）数据

DK学前儿童为什么小百科. 动物 / 英国DK公司编；陈超译.—北京：中国大百科全书出版社，2019.6
书名原文：Do You Know About Animals?
ISBN 978-7-5202-0492-7

Ⅰ.①D… Ⅱ.①英… ②陈… Ⅲ.①科学知识—儿童读物 ②动物—儿童读物 Ⅳ.①Z228.1 ②Q95-49

中国版本图书馆CIP数据核字（2019）第071755号

译　　者：陈　超

策 划 人：武　丹
责任编辑：王　杨
封面设计：袁　欣

DK学前儿童为什么小百科·动物
中国大百科全书出版社出版发行
（北京阜成门北大街17号　邮编：100037）
http://www.ecph.com.cn
新华书店经销
北京华联印刷有限公司印制
开本：889毫米×1194毫米　1/16　印张：9
2019年6月第1版　2023年6月第6次印刷
ISBN 978-7-5202-0492-7
定价：128.00元

For the curious
www.dk.com

目录

哺乳动物

鸟类

水生动物

爬行动物和两栖动物

无脊椎动物

在第34~35页中找到我能看见的颜色。

在第114~115页中了解我是怎么爬行的。

哺乳动物

哺乳动物是恒温动物，通常体表有毛。几乎所有哺乳动物都是胎生，母兽用乳汁哺育后代。

鼻子
狼能从 2.4 千米外嗅到猎物的气味。

领袖
狼群的领导者是一只雄狼。它指挥着狼群，掌控着捕猎节奏。

为什么狼是群居的？

狼是技巧娴熟的捕食者，有锋利的牙齿和强劲的咬合力，而且非常狡猾。此外，它们还有另一个非常有效的武器——群猎。狼通常成群作战，共同捕食大型猎物。

? 你知道吗？

1. 一个狼群中有多少只狼？

2. 两个狼群相遇时会发生什么？

3. 为什么狼要"仰天长啸"？

答案见第**134**页

交流
狼会利用面部表情、气味和声音与狼群中的其他成员交流。

狼可以捕猎像麋鹿一样大的猎物。

还有哪些动物群体捕猎？

狮子
大多数猫科动物都独自捕猎，但雌狮则群体协作。它们从四面八方悄悄靠近猎物。猎物慌不择路试图逃走时，很有可能冲向其中某一只狮子。其他雌狮则会合力捕杀猎物，再将猎物带回狮群分享。

座头鲸
成群的座头鲸在小鱼群下方围成一圈，吐出许多气泡形成气泡网，使小鱼紧密地聚在一起。然后，鲸鱼们快速向上游，一下子吞进满满一大口猎物。

为什么老虎身上有条纹？

许多老虎都有淡黄色或黄褐色皮毛和黑色细条纹，藏身于高高的枯草丛中。它们可以用这种伪装完美地融入周围环境，在不被目标发现的情况下接近猎物。这样快速的突袭是获取美食的必要手段。

你能找到隐藏的动物吗？

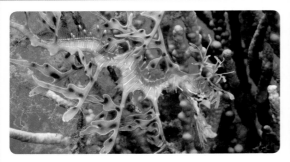

叶海龙
这种鱼是海马的亲戚，树叶状的鳍能让它们完美地隐藏在海藻中。

叶尾壁虎
这种壁虎的皮肤与树皮相似。它们只需静静地趴在树枝上就能捉住毫无防备的昆虫。

"闪烁"的耳朵

除了躯干上的黑色条纹，有些老虎的耳朵后面还长着白色斑点。这些斑点可以指引幼崽跟随妈妈穿过草地。

竖条纹

黑色条纹从视觉上打碎了老虎的身体轮廓。这样的伪装可以蒙骗猎物，甚至当老虎已经非常接近时它们都注意不到。

淡黄色或黄褐色

大部分老虎都有淡黄色或黄褐色皮毛，这种颜色同黄草丛和森林中落叶的颜色一致。

? 你知道吗？

1. "伪装"是什么意思？

2. 还有哪些猫科动物身上有条纹？

3. 为什么斑马身上有条纹？

答案见第134页

在大约900种已知的蝙蝠中，有超过一半的蝙蝠在飞行中使用回声定位。

蛾
蝙蝠狩猎各种飞虫，肥美的蛾是它们喜爱的丰盛大餐。

蝙蝠在黑暗中如何觅食？

蝙蝠在夜间飞行，大多喜食飞舞的昆虫。但当你在空中无法看见猎物、闻到猎物或听见猎物时，该如何找到猎物呢？秘诀就是发出尖锐的声音，并接收从微小猎物身上反弹回来的回声。这就是回声定位。

？ 你知道吗？

1. 蝙蝠能看见东西吗？

2. 蝙蝠如何发出超声波？

3. 所有蝙蝠都吃昆虫吗？

答案见第134页

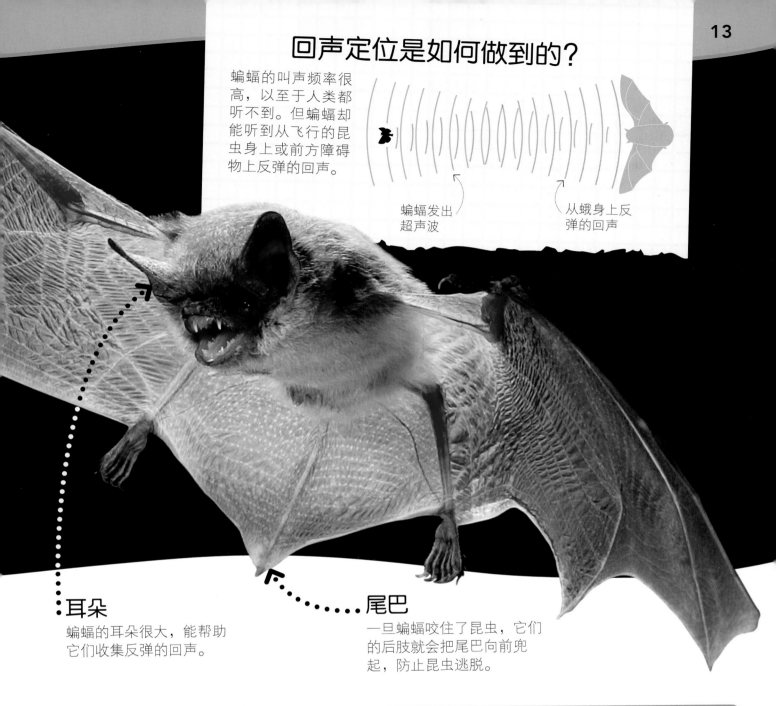

回声定位是如何做到的？

蝙蝠的叫声频率很高，以至于人类都听不到。但蝙蝠却能听到从飞行的昆虫身上或前方障碍物上反弹的回声。

蝙蝠发出超声波

从蛾身上反弹的回声

耳朵
蝙蝠的耳朵很大，能帮助它们收集反弹的回声。

尾巴
一旦蝙蝠咬住了昆虫，它们的后肢就会把尾巴向前兜起，防止昆虫逃脱。

还有哪些动物能使用回声定位？

海豚
海豚利用呼吸孔下方的气囊发出哨音和嗒嗒声，并用这些声音交流。它们也能在昏暗的海水中进行回声定位，听到从美味的鱼身上反弹的回声。

油鸱
油鸱白天在洞中睡觉，夜晚活动时利用回声定位探路。它们在飞出洞穴寻找果实时，会在黑暗中发出叫声，利用回声确认彼此的位置，以避免在空中发生碰撞。

什么是长牙？

想象一下，牙齿不断生长，已经从你的嘴里伸出来了，这会是什么样的情形？海象的长牙是特别巨大的犬齿，从上颌向下生长并向后弯曲。跟象牙一样，海象的长牙是由一种特别坚硬的物质构成的。

所有长牙的形状都一样吗？

鹿豚
图中这种猪叫作鹿豚。它们生活在热带，有着从下颌向上长出的长牙，而且长牙特别弯曲。

一角鲸
大部分动物的长牙都是弯曲且成对的，但一角鲸（海豚的亲戚）的长牙却是笔直的，且只有一个。

在现存动物的牙齿中，象牙是最大的。

炫耀

为了得到更舒适的休息场所，较大的海象把身体向后仰，充分展示它的长牙，以恐吓较小的海象。

胡须

海象用敏感的胡须搜寻泥沙中的蛤蜊。

长牙

海象用长牙在冰层上凿洞，在洞口呼吸，还会用长牙将身体挂在冰层边缘，在水中打盹。

？ 你知道吗？

1. 海象生活在什么地方？

2. 为什么海象的皮肤这么厚？

3. 为什么雄性海象的长牙比雌性的长？

答案见第134页

长颈鹿弯腰时会不会头晕？

人类快速弯腰再起身时可能会头晕目眩，这是血液忽然涌入或涌出脑部造成的。虽然长颈鹿与房屋一样高，但它们颈部有着特殊的血管，能有效防止眩晕。

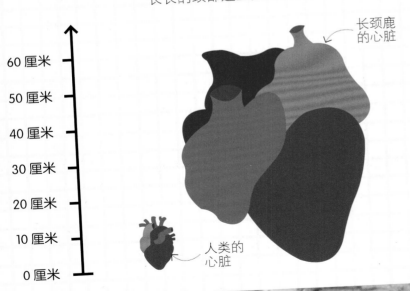

从心脏到心脏

长颈鹿需要一个巨大的心脏将血液通过长长的颈部送至头部。

长颈鹿的心脏

60 厘米
50 厘米
40 厘米
30 厘米
20 厘米
10 厘米
0 厘米

人类的心脏

长颈鹿能长到6米高。它们是现存最高的陆地动物。

长脖子
当长颈鹿的头向下时，血管中的一个特殊"阀门"会突然闭合，阻止血液急速向下冲，涌进大脑。

头部后方
长颈鹿头部后方有一个毛细血管网，它的作用类似海绵。当长颈鹿头部向下时，这些血管能缓解突然增多的血流量的冲击。

长腿
长颈鹿的腿非常长。为了能喝到地面上的水，它们要将腿向外撇开。

? 图片问答

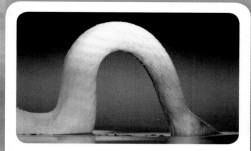

图中这只长颈动物是什么？

答案见第134页

为什么有些动物的脖子很长？

长颈羚
这种非洲羚羊能伸长脖子吃到树上的叶子，甚至还能用后腿站立。

长颈象鼻虫
雄性长颈象鼻虫用长脖子互相打斗来争夺配偶。

哺乳动物会产卵吗？

大多数哺乳动物都是胎生，但澳大利亚的鸭嘴兽和针鼹则是卵生。卵生的哺乳动物叫作单孔类动物。它们会呵护产下的卵，给卵保暖，直到卵孵化为既看不见也没有毛的幼崽。与其他哺乳动物一样，单孔类动物妈妈也用乳汁哺育后代。

鸭嘴形的嘴

鸭嘴兽的嘴很有弹性，方便铲食蠕虫和虾。雌性鸭嘴兽需要吃这些食物以获得足够的能量，分泌乳汁，哺育后代。

卵的对比

鸭嘴兽的卵还不如普通鸡蛋的一半大。卵产下后，约需 10 天的孵化时间。

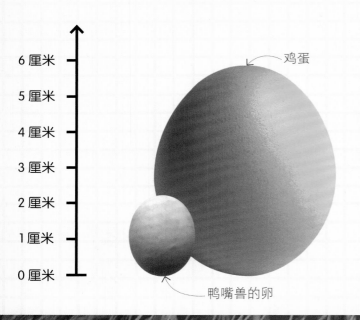

6 厘米
5 厘米
4 厘米
3 厘米
2 厘米
1 厘米
0 厘米

鸡蛋

鸭嘴兽的卵

四肢

鸭嘴兽的脚上有蹼，蹼能帮助它们在水中游泳。雄性鸭嘴兽的脚后跟处有一根毒刺，用来自卫和争夺配偶。

其他哺乳动物如何照顾幼崽？

有袋类动物

大部分有袋类动物将幼崽放在育儿袋中。有袋类动物的幼崽刚出生时非常小：一只新生袋鼠还没有一颗花生大。幼崽待在妈妈的育儿袋中吸吮乳汁，茁壮成长。

有胎盘类动物

有胎盘类动物，比如猪，会让幼崽在子宫中发育，直至出生。这类动物的母体内会发育出胎盘，这种特殊的器官能为子宫内的胎儿提供营养。

？图片问答

大熊猫是单孔类动物、有袋类动物还是有胎盘类动物？

答案见第134页

柔软的皮毛

鸭嘴兽将卵产在岸边洞穴中，短而防水的皮毛能为鸭嘴兽和卵保暖。

血管

大象的耳朵中有很多血管。当温热的血液在血管内流动时，热量便从耳朵表面散发了。

鼻子

鼻子是大象最重要的工具。大象用鼻子闻味道、触摸和呼吸，还能用鼻子将水喷到身上给身体降温。

耳朵

大象的耳朵像扇子一样。扇动双耳能让它们凉快一些。

其他动物如何降温？

印度犀
再没有什么比在凉爽的稀泥中打滚更舒服的了。这头有着厚厚皮肤的犀牛发现了这个摆脱酷热的好方法。

铲蜥
为了让每只脚仅与地面接触很短的一点时间，这只非洲蜥蜴会轮番抬脚，这样做可以防止脚趾被大阳烤焦的沙子灼伤。你看，它好像在表演杂技呢！

为什么大象有一对大耳朵？

作为陆地上最大的动物，生活在热带阳光下的大象会获得极多的热量。非洲象硕大的耳朵能帮助它们散发一部分由其庞大的身体所获得的热量。

你知道吗？

1. 哪里有野生大象？
2. 大象的寿命有多长？
3. 谁是"母象首领"？

答案见第134页

骆驼的驼峰里藏着什么？

骆驼可以在沙漠中生活，想必有一身特殊的本领。要想在沙漠中找到食物或水，你得走上很长一段路，但这对骆驼来说却不是问题。它们的驼峰中存储着脂肪，这些脂肪足够支撑它们生存长达三周的时间。水也不是问题，一旦找到喝水的机会，骆驼能在 10 分钟内喝下一浴缸的水。

在没有食物的情况下，谁能活得更久？

鳄鱼
鳄鱼能一口吞下硕大的猎物，甚至能消化猎物的骨头、角和蹄子。这样一顿大餐能让鳄鱼连续数月不用进食。

洞螈
这种古怪的白色两栖动物生活在欧洲寒冷黑暗的地下洞穴中。它们能几年不进食，寿命长达100年甚至更久。

睫毛
沙尘暴是沙漠中的常客。骆驼长长的睫毛可以防止沙子进入眼睛。

鼻孔
为了防止沙子进入鼻子，骆驼还能闭合鼻孔！

每个驼峰里能储存多达35千克的脂肪。

塌软的驼峰

如果不吃东西，骆驼就会开始消耗驼峰里存储的脂肪，驼峰就会塌下去！当骆驼再次进食后，塌软的驼峰又会丰满起来。

正常的驼峰　　　塌软的驼峰

驼峰

双峰驼有两个驼峰，单峰驼只有一个。

? 真的还是假的？

1. 骆驼从驼峰中摄取水分。

2. 有很多骆驼生活在澳大利亚。

3. 骆驼通过吐口水来自我防御。

答案见第134页

豪猪能将刺射出吗？

豪猪不能射出刺，而且也没有必要这么做。一头愤怒的豪猪向后发力的姿态足以让最饥饿的捕食者打消攻击的念头。此外，它们长长的刺可以脱离身体，刺入任何一只距离过近的动物体内。

? 图片问答

什么动物和豪猪打了一架？

答案见第134页

谨慎的狮子

即使是狮子这样的大型捕食者，面对满身是刺的豪猪也会小心翼翼，因为即便被一根刺刺到也会疼痛万分。

还有哪些动物有防御术？

臭鼬

臭鼬身上的黑白条纹警告捕食者远离它们。如果有谁不小心靠近了臭鼬，就会收到恶心的"惊喜"。若受到威胁，臭鼬会倒立，从肛门附近的腺体里喷射出恶臭的液体。这种液体会导致攻击者的眼睛暂时失明。

犰狳

当遇袭时，犰狳几乎无法反击。不过，它们身上有层骨质甲，可以从头至尾形成一个"盔甲"来保护自己。犰狳甚至能卷成一个球，这样即便是最柔软的腹部也可以被盔甲保护起来。

豪猪的刺能致命！一头狮子会因刺伤导致的感染而丧命。

膨胀的身体

豪猪能像多数哺乳动物竖起毛发那样将满身的刺竖起。对靠近它们的捕食者来说，它们看起来变得又大又可怕。

惊人的尾巴

豪猪的尾刺是中空的。它们摆动尾巴时会发出巨大的声响威吓对手。

能抓握的尾巴

蜘蛛猴的尾巴能盘卷，善于抓握。尾巴上还有一块和手掌一样的裸露皮肤，使抓握更加自如。

蜘蛛猴的名字源于它们像蜘蛛似的四肢和尾巴。

猴子是如何在树枝间荡来荡去的？

虽然猴子都能用它们善于抓握的手脚爬树，但并非所有的猴子都有这种在树枝间荡来荡去的特殊技能。一些南美洲的猴子，如蜘蛛猴，能利用会抓握的尾巴做到这些。它们的尾巴就像第五肢，能帮助它们在相距较远的树枝间穿梭摆荡。

长长的手臂

蜘蛛猴长着长长的手臂，能挂在树枝上。这使得它们看起来比其他猴子技艺更加高超，就像一个杂技演员。

长长的手指

蜘蛛猴的手指很长，能钩在树枝上。每只脚上的大脚趾也很善于抓握。

答案见第134页

你知道吗？

1. 所有猴子的尾巴都能盘卷抓握吗？

2. 什么动物在树间穿行的速度最快？

3. 猴子的手和脚为什么如此善于抓握？

还有哪些动物能以不同的方式在树间快速穿行？

长臂猿
东南亚的长臂猿是丛林摇摆之王。它们用钩子状的手和特别强壮的手臂在树枝间荡来荡去。

狐猴
生活在马达加斯加的维氏冕狐猴依靠强健的腿在树间跳跃，起跳和落下时用手抓住树枝，尾巴则用来保持平衡。

为什么狮子的牙齿如此锋利？

大多数食肉动物都有如刀子般锋利的牙齿。狮子的尖牙能轻易快速地刺穿大型野牛坚韧的皮肉。

只有雄狮才有长长的鬃毛。

犬齿
狮子用前面的犬齿咬住猎物的喉咙，使猎物窒息。

裂齿
狮子有力的裂齿有着锋利的边缘，能像刀片一样将猎物切开。

食肉动物的牙齿
食肉动物有锋利的牙齿和强健的颌部肌肉，可以猛烈地撕咬猎物。

食草动物的牙齿
食草动物有扁平的臼齿，齿冠上有突起，适于磨碎坚韧的树叶。

粗糙的舌头
狮子的舌头上布满微小的钩子，能将猎物的肉从骨头上刮下来。

所有食肉动物的牙齿都一样吗？

大白鲨
大白鲨的每颗牙齿都有锯齿状的边缘，适于撕咬和切碎食物。但与哺乳动物不同的是，鲨鱼会不停地换牙。它们宽大的颌部强壮有力，咬合力惊人。

鳄鱼
鳄鱼尖尖的牙齿利于刺穿猎物的身体，但并不适合切割。它们用强壮的颌部咬住猎物，扭转整个身体，将猎物撕开。

? 图片问答

这是谁的牙齿？

答案见第**134**页

为什么狐獴用后肢站立?

如果你只有松鼠那么大,并且生活在地面上,你就需要站得尽可能高,以便观察周围发生的一切。狐獴用后肢站立,侦察远处是否有危险,有时也顺便享受一下日光浴。

狐獴哨兵每小时更换一次,轮流站岗。

?　你知道吗?

1. 当危险来临时,狐獴如何预警?

2. 狐獴如何逃离危险?

3. 一个族群里的狐獴都是亲戚吗?

答案见第134页

后肢

狐獴用四肢行走,但它们也能用后肢站立,并保持良好的平衡。

眼睛

狐獴视力敏锐，能迅速发现捕食者。成年狐獴站在高高的岩石上，观察整个族群的情况，一旦发现危险会马上发出警报。

吸热区域

狐獴胸前有一小块裸露的黑色皮肤。当它们沐浴阳光时，这块皮肤能很好地吸收热量。

还有哪些动物会相互预警？

绿猴

绿猴在高处攀爬，能发现来自远处的威胁。对不同的敌人，如蛇、鹰和豹，它们有不同的预警叫声。

织叶蚁

当蚁巢受到攻击时，织叶蚁会释放一种叫作信息素的特殊化学物质来警告蚁群中的其他蚂蚁。

鼹鼠看不见吗？

鼹鼠的眼睛非常小，但它们不是看不见，只是看不太清。如果你一生都生活在漆黑的穴道里，显然敏锐的触觉更有用，而鼹鼠正是感知蠕虫的专家。

星鼻鼹的鼻子很特殊，有2.5万个触觉感受器。

哪些动物真的看不见？

金鼹

这种金鼹来自非洲南部，事实上它们并不是黑色鼹鼠的亲戚。金鼹的眼睛被皮肤覆盖着，完全看不见。

墨西哥洞穴鱼

100多万年前，这些鱼类的祖先游入了地下洞穴中。从那以后，它们就生活在一片黑暗之中。随着视力一点一点退化，它们最终完全看不见了。

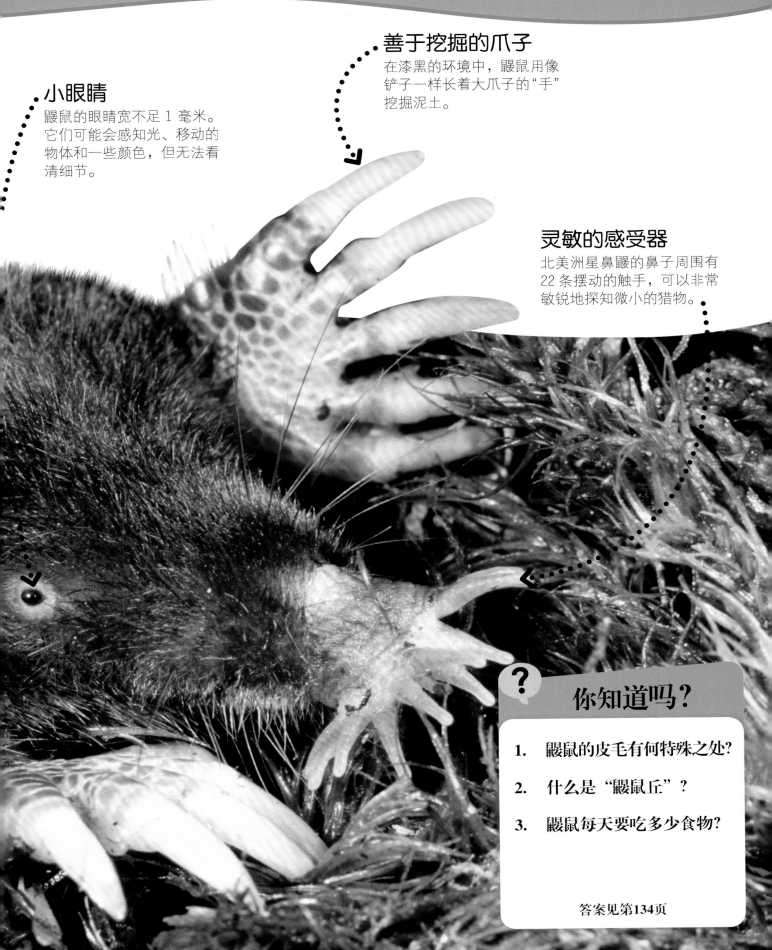

小眼睛
鼹鼠的眼睛宽不足 1 毫米。它们可能会感知光、移动的物体和一些颜色，但无法看清细节。

善于挖掘的爪子
在漆黑的环境中，鼹鼠用像铲子一样长着大爪子的"手"挖掘泥土。

灵敏的感受器
北美洲星鼻鼹的鼻子周围有22 条摆动的触手，可以非常敏锐地探知微小的猎物。

？ 你知道吗？

1. 鼹鼠的皮毛有何特殊之处？

2. 什么是"鼹鼠丘"？

3. 鼹鼠每天要吃多少食物？

答案见第**134**页

狗能识别颜色吗？

人类的眼睛具有不同的颜色感受器，因此我们能看到彩虹的各种颜色。但是，狗眼睛中的颜色感受器比人类少。同人类一样，它们能看到蓝色，但红色和绿色在它们看来是黄色的。

人类能识别的颜色

狗能识别的颜色

？ 你知道吗？

1. 哪些动物具备良好的辨色能力？

2. 为什么有些人是色盲？

答案见第134页

狗的视觉

狗能看到蓝色的球，但其他三种颜色的球对狗来说没有分别——它们看起来都是黄色的。

动物感受到的东西和人类不同吗？

蜜蜂

人类看不到紫外光，但蜜蜂能看到。花朵上的紫外线花纹，如右边花朵上的暗纹，能引导蜜蜂找到花蜜。

蛇

一些蛇依靠头部特殊的热感受器来寻找猎物（如这条狗）温热的身体。

人类的视觉

除了蓝色的球，女孩还能看到其他三种颜色：黄色、绿色和红色。

颜色感受器

人类的眼睛有红色、蓝色和绿色感受器。女孩在红色和绿色感受器的共同作用下看到了黄色，在红色和蓝色感受器的共同作用下可看见紫色。

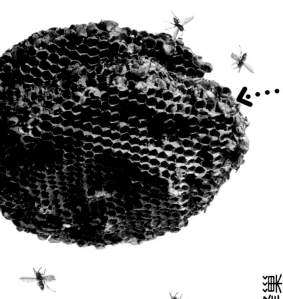

蜂巢

蜜蜂从花朵中采集花蜜，用花蜜酿蜜。它们将蜂蜜储存在蜂巢特殊的小蜂房中。为了保护蜂蜜，蜜蜂会毫不留情地刺向入侵者。

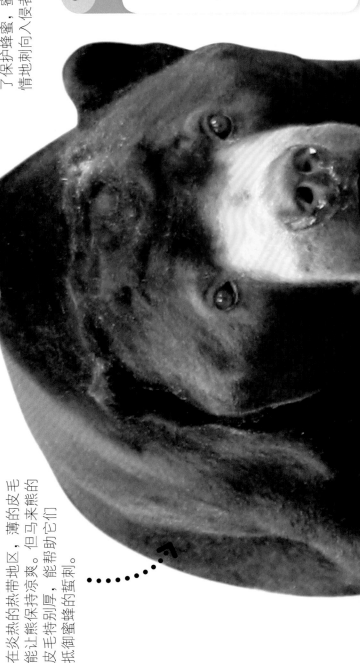

熊吃蜂蜜吗？

尽管我们经常把熊与食肉动物联系到一起，但大多数熊更爱吃蜂蜜这样的甜食。马来熊主要生活在亚洲热带地区，它们是个头最小的熊，也是最爱吃甜食的熊。它们无法抵挡蜂蜜的诱惑，经常袭击蜂巢，甚至引来愤怒的蜜蜂的攻击也在所不惜。

防蛰皮肤

在炎热的热带地区，薄的皮毛能让熊保持凉爽。但马来熊的皮毛特别厚，能帮助它们抵御蜜蜂的蜇刺。

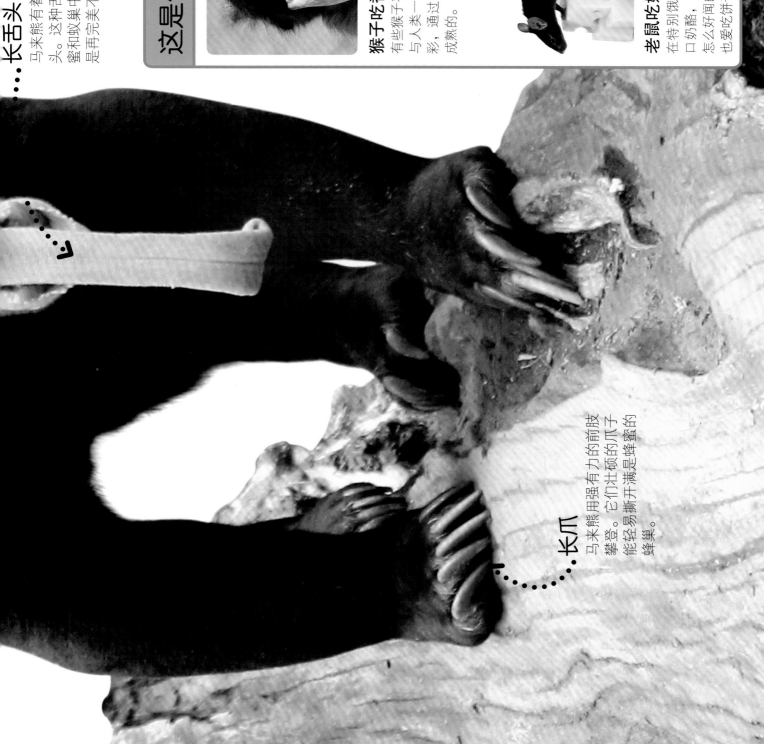

长舌头

马来熊有着熊类最长的舌头。这种舌头用来舔食蜂蜜和蚁巢中的白蚁等昆虫是再完美不过了。

长爪

马来熊用强有力的前肢攀登。它们的壮硕的爪子能轻易撕开满是蜂蜜的蜂巢。

这是传说吗？

猴子吃香蕉吗？

有些猴子喜欢吃新鲜的水果，如香蕉。与人类一样，它们也能看见丰富的色彩，通过观察颜色识别出哪些水果是成熟的。

老鼠吃奶酪吗？

在特别饿的时候，老鼠也许会吃上几口奶酪，但它们通常都会离远这些不怎么好闻的食物。它们更喜欢吃谷物，也爱吃饼干那样的甜食。

毛茸茸的耳朵

北极熊的听觉十分敏锐，特别是对海豹等猎物发出的声音。

皮下脂肪

大多数生活在寒冷地区的动物，如北极熊和企鹅，皮肤下都有一层厚厚的脂肪，能帮助它们储存身体里的热量。

猎手之爪

北极熊有着猎手的爪子，脚底还有毛，这能有效提升它们在滑溜溜的冰面上的防滑力。

北极熊是世界上最大的陆生食肉动物。

为什么北极熊不吃企鹅？

尽管北极和南极都被冰雪覆盖着，但它们却分属地球的两极。地球的顶端是寒冷的北极，北极熊就生活在那里。地球的底部是冰冻的南极，那里生活着包括企鹅在内的多种动物。虽然有些种类的企鹅生活在相对南极稍北一点的地方，但都没有跨越赤道迁徙到北半球生活，所以北极熊和企鹅永远不会自然相遇。

企鹅的天敌是谁？

豹形海豹

企鹅的天敌大多数来自海洋。豹形海豹是行动敏捷的水中猎手，它们会捕食企鹅。

虎鲸

一只企鹅完全无法满足一条大型虎鲸的食欲，但这并不能阻止虎鲸猎杀企鹅，尤其是当它们需要来点零食时。

它们生活在哪儿？

北极熊生活在北极圈内的陆地和浮冰上。企鹅生活在南半球，即南美洲、非洲、大洋洲和南极洲的一些地方。

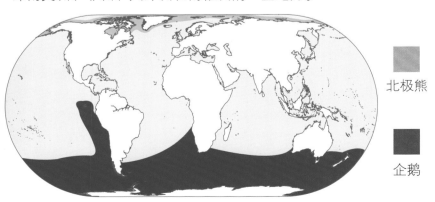

北极熊

企鹅

? 你知道吗？

1. 在南极的陆地上，还有什么动物会捕食企鹅吗？

2. 哪种企鹅生活在最靠北的地方？

3. 北极有不会飞的鸟吗？

答案见第134页

鸟类

鸟类是身上长有羽毛的动物。大多数鸟类会飞，但也有少数鸟类不会飞，如鸵鸟和企鹅。

为什么鸭子能浮在水面上？

鸭子体内中空的骨骼和气囊使它们的身体密度比水小，具有防水性的油性羽毛也让它们的身体不会变得潮湿沉重。这就是鸭子总是能浮在水面上而不下沉的原因。

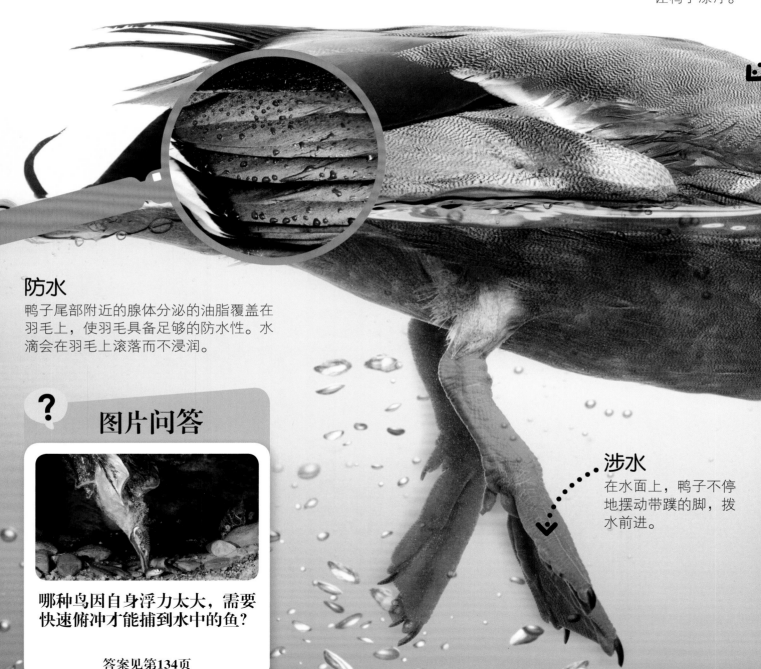

羽毛
羽毛能锁住空气，让鸭子漂浮。

防水
鸭子尾部附近的腺体分泌的油脂覆盖在羽毛上，使羽毛具备足够的防水性。水滴会在羽毛上滚落而不浸润。

涉水
在水面上，鸭子不停地摆动带蹼的脚，拨水前进。

？ 图片问答

哪种鸟因自身浮力太大，需要快速俯冲才能捕到水中的鱼？

答案见第**134**页

喙
鸭子用喙将分泌的油脂涂满全身，使羽毛防水。

一些海鸭能潜入水下60米，而大部分鸭子只能潜到水下2米。

气浮法
与大多数鸟类一样，鸭子体内也有气囊。气囊就像气球，内部充满气体，能让鸭子变轻，浮在水面上。

轻盈的骨骼
鸭子等水禽有中空的骨骼。中空的骨骼能让鸭子的体重很轻，有助于它们浮在水面上。

动物还能以哪些方式待在水面上？

漂浮
海獭的皮毛是动物中最浓密的，能锁住温暖的空气，帮助海獭漂在水面上。海獭在仰面漂浮时甚至能睡大觉。

航行
僧帽水母有一个充满气体的浮囊体，用来当作帆在海面漂流，而它们的触须则悬在下面。

为什么火烈鸟是粉红色的？

火烈鸟的颜色是从食物中来的。这些鸟生活在有大量丰年虾的湖泊附近。火烈鸟刚出生时，羽毛是灰色或白色的。随着它们慢慢长大，由于每天吃丰年虾，所以它们的羽毛就变成了粉红色。

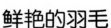

鲜艳的羽毛

火烈鸟的羽毛颜色从浅粉红色过渡到深红色，甚至还有明亮的橘红色。这完全取决于它们吃了多少丰年虾。

？ 你知道吗？

1. 为什么动物园里的火烈鸟需要喂食特殊的食物？

2. 火烈鸟幼鸟的喙与成鸟有什么不同？

3. 火烈鸟一次产多少枚卵？

答案见第134页

丰年虾

丰年虾的粉红色也源于它们的食物——一种微小的类似植物的藻类。一些火烈鸟也会直接吃这种藻类，这会让它们的羽毛更加粉红。

据估计，最大的火烈鸟群中有超过200万只火烈鸟。

喙

捕食时，火烈鸟将喙插进湖里，用舌头将水从口腔内一排排的细毛间推出，将丰年虾滤出吞下。

足下作业

火烈鸟用脚拍打浅水处的泥浆，搅出丰年虾，接着用喙将它们铲出。

还有哪些动物的体色会受食物影响？

黑头酸臭蚁

这些昆虫的胃是透明的。任何吃进去的食物，如这些带有颜色的糖水滴，都能从体外看到。

海兔

海兔是一种海洋动物，身体柔软，体色鲜艳。这种鲜艳的体色来自它们从珊瑚和海葵上觅得的食物。

猫头鹰是如何在夜晚捕食的？

猫头鹰在夜晚捕食，超灵敏的耳朵能听到猎物从很远的地方发出的微弱的沙沙声。一旦发现猎物，它们就会安静地从空中俯冲下来，出其不意地逮住猎物。

无声的翅膀

猫头鹰的羽毛边缘毛茸茸的，而且很柔软，所以猫头鹰拍打翅膀的时候没有声音，不会惊动猎物。

?

选一选

1. 猫头鹰如何进食？
   a）用细小锋利的牙齿啄食
   b）整个吞下
   c）将猎物撕成碎片

2. 猫头鹰的头部能转将近一周，是因为……
   a）它们的眼睛太大了，不能活动
   b）它们喜欢伸脖子
   c）它们的脊椎很短

答案见第134页

清晰的声音

老鼠发出的声音对人类来说也许很微弱，但猫头鹰却能听得很清楚。

逃窜的猎物

小型哺乳动物，如老鼠，是猫头鹰最喜爱的食物。猫头鹰会听到它们在地面上的动静。

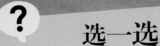

圆盘脸

仓鸮（猫头鹰的一种）圆盘形的脸能帮助它们收集来自猎物的声波，并将声波集中到耳中。

敏锐的耳朵

猫头鹰的一只耳朵比另一只稍高，这能帮助它们精确定位猎物。

善于捕猎的利爪

与其他猛禽一样，猫头鹰也有长长的利爪，非常适于抓住猎物。

什么能帮助动物在夜晚捕食？

嗅觉

很多毛茸茸的哺乳动物，如獾，都在夜晚捕食。它们嗅觉极佳，甚至能闻出藏在地下的小动物。

优秀的视力

很多在夜晚捕食的哺乳动物，如猫，即便在昏暗的光线下也有敏锐的视觉。它们的眼睛有层特殊的薄膜，能反射和聚集微弱的光，这使它们的眼睛在黑暗中看起来像会发光一样。

为什么鸵鸟不会飞？

世界上最大的鸟因为身体太重而无法飞行，这种鸟就是鸵鸟。尽管鸵鸟有着毛茸茸的大翅膀，但却无法依靠翅膀将身体带离地面，而是要借助强健的双腿，快速奔跑，逃离危险。

平衡之翼

鸵鸟的翅膀尽管很大，但对于飞行来说还不够强壮。不过鸵鸟在奔跑时，它们的翅膀可以保持身体平衡。

结实耐用的双腿

与会飞的鸟类具有中空的骨骼不同，鸵鸟双腿的骨骼结实耐用。它们双腿的肌肉很有力，非常适于奔跑，甚至能踢走饥饿的捕食者。

? 真的还是假的？

1. 鸵鸟会把头埋在沙子里。

2. 鸵鸟是速度最快的用两条腿奔跑的动物。

答案见第**134**页

保持水平的头部

鸵鸟的头始终保持水平，即使在高速奔跑时也是如此。这使得它们的视野稳定，有助于寻找配偶和发现敌人。

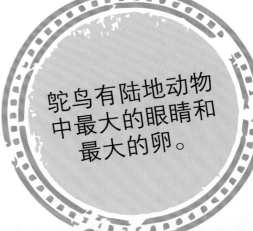

鸵鸟有陆地动物中最大的眼睛和最大的卵。

退化的骨骼

鸵鸟在演化过程中失去了用来支撑飞行肌的一部分胸骨。

奔跑的双脚

鸵鸟是现存唯一一种每只脚上仅有两个脚趾的鸟。它们的脚可以像蹄那样在地面上高速狂奔。

不会飞的鸟都怎么样了？

灭绝

在人类到达毛里求斯岛之前，渡渡鸟安全地生活在这里。不会飞的渡渡鸟很容易被猎人抓到，结果现在一只都不剩了。

濒危

鸮鹦鹉不会飞，所以它们无法飞离捕食者。而人类将猫等天敌带入了它们的栖息地，导致它们濒临灭绝。

为什么孔雀如此爱炫耀？

雄孔雀通过展示颜色鲜艳的羽毛来吸引雌孔雀，赢得雌孔雀的青睐。它们将尾上覆羽展开、抖动，发出沙沙声，来引起雌孔雀的注意。雌孔雀根据尾上覆羽的颜色和大小来选择配偶。

像眼睛的斑点

蓝绿色的斑点，或者叫"眼斑"，能吸引雌孔雀的注意。雄孔雀将带斑点的一面转向雌孔雀，以便有更大的机会打动对方。

?　选一选

1. 下面哪种鸟是孔雀的亲戚？
   a）极乐鸟
   b）雉鸡
   c）鸵鸟

2. 在野外，下面哪种动物最有可能捕食孔雀？
   a）老虎
   b）狮子
   c）鳄鱼

答案见第134页

不是尾巴

孔雀的尾上覆羽从背部开始生长。收起时，羽毛会收拢在尾巴尖上，看上去就像尾巴一样。

盛装展示

孔雀的尾上覆羽有 100~150 根。每根可长达 2 米，占到孔雀体长的一半以上。

为什么大猩猩会捶胸？

威吓的表演

雄性大猩猩不仅在吸引雌性时会表演，它们还会通过捶击胸部让自己看起来更凶猛，进而威吓入侵者。

善于隐蔽

雌孔雀负责照顾卵和幼鸟。由于羽色灰暗，不及雄孔雀鲜艳，所以雌孔雀不容易吸引捕食者。

羽轴

每根羽毛的白色羽轴与蓝绿色的斑点形成鲜明的对比，使明亮的颜色更加突出。

长途旅客

长而尖的双翼使小小的北极燕鸥成为卓越的飞行者。它们能轻松飞越很长的距离。

为什么鸟类要迁徙？

每年，为了寻找越冬的食物，或者在夏天找到一处合适的繁殖地，很多鸟类都要飞行很长的距离。它们的这种行为叫作迁徙。北极燕鸥是迁徙距离最长的鸟类，每年都要从北极飞往南极，然后再飞回去。

迁徙路线

北极燕鸥从秋天开始自北极向南飞，到达南极时正值夏季。当南极进入秋季时，它们再飞回北极。

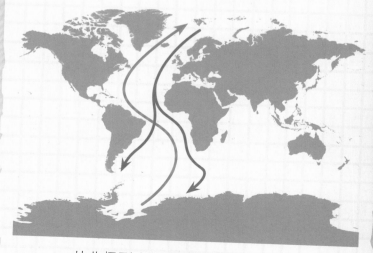

—— 从北极到南极的路线

—— 从南极到北极的路线

在北方繁育

从5月到8月，北极正值夏季，北极燕鸥在那里抚育幼鸟长大。在这一时节，那里有许多食物可以喂养幼鸟。

在南方休憩

从11月到次年2月，北极燕鸥在南极休憩。此时，那里正值夏季，有丰富的鱼类。

还有哪些动物要迁徙？

黑脉金斑蝶

秋天，这些生活在美国的蝴蝶会向南飞行数千千米，到达更加温暖的地区，在那里冬眠，度过冬天。

北美驯鹿

每年，大群的北美驯鹿要穿行5000千米。这是动物在陆地上最远的迁徙。

漫长的旅途

平均来说，一只北极燕鸥一生飞行的距离至少相当于从地球往返月球一次。

？ 你知道吗？

1. 为什么有些鸟类要迁徙，而有些鸟类不迁徙？

2. 动物只在南方和北方之间迁徙吗？

3. 迁徙总是发生在不同的季节吗？

从鱼中获取能量

北极燕鸥从吃的鱼中获取能量。往南极飞时，它们在靠近海岸的地方俯冲捕鱼。往北极飞时，强烈的季风会让它们的回归之旅稍快一些。

为什么熟睡的鸟儿不会从树枝上掉下来？

令人惊讶的是，树顶的树枝是鸟儿最安全的睡觉地点。当它们停在树枝上时，足趾会自然弯曲，紧锁树枝。即便鸟儿打盹儿时，足趾也不会放松。

? 图片问答

哪种鸟能一边飞一边睡觉？

答案见第134页

半睡半醒

鸟类在睡觉时能睁一只眼闭一只眼。大脑只有一半在休息，而另一半处于警戒状态。

蓬松的羽毛

有些鸟类在睡觉时会把羽毛抖松，这样可以为身体保暖。

足部锁定机制

当鸟类屈腿站在树枝上时，肌腱——连接肌肉和骨骼的那部分身体组织，会自动拉伸，将足趾锁定成弯曲的姿态。只要腿部保持弯曲，足趾就会紧紧抓住树枝。

当腿弯曲时，足趾会自动蜷起来，抓住树枝。

鸟是如何抓住树枝的？

卷曲的足趾

大部分在树上栖息的鸟类都有三个向前的足趾和一个向后的足趾。而鹦鹉，如这些南美洲的锥尾鹦鹉，却是两个足趾向前，两个足趾向后。

马是怎样睡觉的？

站着睡

通过锁定膝关节的方式，马可以站着睡觉。很多大型哺乳动物都能这样做，以便在危险来临时快速逃跑。

哪种鸟的巢最好?

鸟类是筑巢专家。它们将植物的茎和草叶编织成杯子或篮子的形状，在里面产卵。亚洲黄胸织布鸟能用它们坚硬的喙，筑出最令人惊叹的巢。

求偶鸟巢

雄性黄胸织布鸟用高超的编织技艺来吸引路过的雌鸟，希望雌鸟选择它的巢来产卵。

固定

黄胸织布鸟将巢挂在树枝上，以躲避来窃取卵和幼鸟的捕食者。

你知道吗?

1. 哪种鸟的巢最小?

2. 所有的鸟类都筑巢吗?

3. 还有哪些动物筑巢?

答案见第134页

舒适的角落

雌鸟把羽毛铺在巢内，为产卵和哺育幼鸟营造更加舒适的环境。

收尾工作

如果雌鸟喜欢这个巢，它就会与雄鸟一起来完成入口处的收尾工作。

鸟类还会筑什么？

求偶亭

在澳大利亚，雄性园丁鸟用草叶和树枝筑造求偶亭来吸引配偶。它们会用五颜六色、闪闪发亮的物品做最后的装饰。然后静待雌鸟经过。雌鸟一旦被吸引，便会和雄鸟交配。

泥巢

燕子一口一口衔来泥，筑成杯子的形状，"杯子"慢慢变硬，变成结实的巢。这些巢通常挂在墙上或屋檐下。

为什么企鹅在冰天雪地里不会冻僵?

在南极，这个世界上最冷的地方，你的脚趾随时都可能被冻僵，而帝企鹅早已适应了这个冰天雪地的生存环境。它们挤在一起取暖，用厚密绵软的皮毛抵御严寒。

防风墙

在繁殖期，成群的帝企鹅有时会躲到冰崖后面避风。

挤成一团

帝企鹅和它们的幼鸟挤成一团来防止身体的热量流失。它们脸朝里躲避寒风，并轮流站在最外圈。

? 真的还是假的?

1. 帝企鹅是世界上最大的企鹅。

2. 帝企鹅是唯一一种在南极大陆生育后代的鸟类。

答案见第**134**页

还有哪些动物能抵御严寒？

鳄冰鱼
在南极冰冷的海洋中，鳄冰鱼依靠特殊的血液生存。它们体内含有的一种化学物质，能阻止身体冻结。

北美林蛙
冬天，北美林蛙会将身体的大部分冻结起来以度过严寒。当温暖季节来临时，它们再回到正常状态。

保暖
浓密的羽毛和超厚的皮下脂肪有助于保存体内热量。羽毛还很防水，可以让企鹅的身体保持干燥。

雄性帝企鹅要连续两个月给卵保暖，在这段时间里它们什么都不吃。

冰冷的脚
有时候，帝企鹅会向后靠在它们坚挺的尾巴上，好让脚不接触冰冷的地面。这样可以帮助它们减少体内热量的流失。

白头海雕的天敌是谁？

大型鹰科动物，如北美洲的白头海雕，体格强健，行动敏捷，位于食物链的顶端，几乎没有能杀死和捕食它们的天敌。

眼睛

白头海雕的视力绝佳。即使在海面以上 300 米处飞行，它们都能瞄准水中的鱼。

哪些动物是顶级捕食者？

灰熊

北美洲的灰熊是最大的陆地捕食者之一。它们主要以坚果、浆果和水果为食，也捕食啮齿动物和更大一些的动物，如鹿。雄性灰熊通常独自生活，但有时也会结群捕鱼。

森蚺

森蚺也叫绿水蚺，是世界上最重的蛇。在吞下猎物之前，它们会紧紧挤压猎物，让小猪一般大小的猎物窒息。森蚺栖息在南美洲，它们吃小鹿、鸟类和乌龟。

食物链

在食物链中，箭头的方向表明了能量（食物中的能量）向顶级捕食者传递的过程。在这个例子中，水中最微小的浮游生物被磷虾吃掉，鲑鱼吃掉磷虾，白头海雕捕食鲑鱼。

白头海雕

鲑鱼

磷虾

浮游生物

尾羽

当白头海雕俯冲捕食时，巨大的尾羽能帮助它们控制身体的行动。

利爪

白头海雕的脚上长有长而弯的锋利爪子，能让它们稳稳地抓起滑溜溜的大鱼。

食物

大型鹰科动物身强力壮，能捕食小鹿大小的动物，但白头海雕最常吃的食物是鱼。

? 选一选

1. 白头海雕如何杀死猎物？
   a）用锋利的喙啄咬
   b）用利爪抓住
   c）摔到地面上

2. 白头海雕的巢的重量相当于下面哪个？
   a）一只兔子的体重
   b）一个成年人的体重
   c）一辆小汽车的重量

答案见第**134**页

为什么啄木鸟不会头疼？

为了找虫吃，啄木鸟每天要用喙敲击树干多达 1.2 万次，而且不会伤到头。这是因为它们的大脑紧贴着头骨，头骨由特殊的骨骼组成，能有效缓冲敲击带来的震动。

动物如何从树干中获取食物？

用树枝当工具

拟䴕树雀是少数使用工具的鸟类之一。它们将树枝戳进树洞中，拽出美味多汁的昆虫。

手拿食物

马达加斯加的指狐猴用手指敲击树干，听幼虫在里面的动静，再用手指将虫子掏出。

头骨

啄木鸟的头骨由一层厚厚的海绵状骨骼组成，能吸收敲击带来的震动。它们还有一块特殊的骨骼，叫作舌骨。舌骨的作用就像安全带，能让头骨保持在一个固定的位置。

尾撑

啄木鸟尾部坚挺结实的羽毛起着支撑作用。啄木鸟在笔直的树干上敲击时，会用尾巴抵住树干。

喙

喙很坚硬，适于敲击，其尖端还能自愈，所以不会磨损。

一只啄木鸟每秒能敲击树干20次。

爪子

啄木鸟的足趾像爪子一样，两个向前，两个向后，这样它们就能牢牢地抓住树干。

? 真的还是假的？

1. 啄木鸟甚至能在混凝土上凿出一个洞。

2. 啄木鸟通过敲击树干彼此交流。

3. 啄木鸟在树干上凿洞筑巢。

答案见第134页

水生动物

海洋、湖泊和河流是很多动物的家园。水中的大部分动物都有鳃，能在水下呼吸，但也有一些动物，比如海豚，必须浮出水面呼吸。

真的还是假的？

? 真的还是假的？

1. 有些深海鱼类能发光。

2. 有些兔子能发光。

答案见第134页

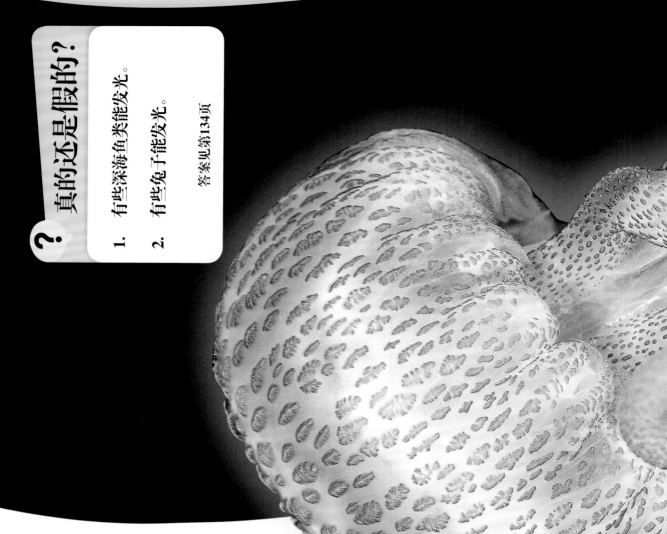

为什么水母会发光？

与其他深海动物一样，某些水母，如这只夜光游水母，能够发光——或许这是它们防止被吃掉的一种御敌方式。柔软多汁的水母是某些动物的美味大餐，但一闪一闪的光亮也许会迷惑或吓退敌人。

在黑暗中发光

夜光游水母发光是因为它们体内产生了一种化学反应。

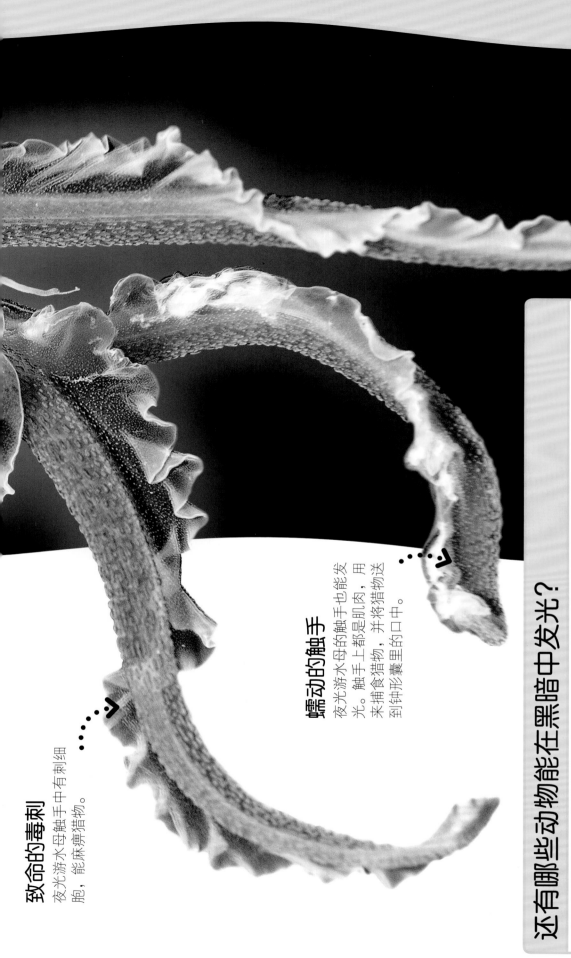

致命的毒刺

夜光游水母触手中有刺细胞，能麻痹猎物。

蠕动的触手

夜光游水母的触手也能发光。触手上都是肌肉，用来捕食猎物，并将猎物送到钟形囊里的口中。

还有哪些动物能在黑暗中发光？

蕈蚊

飞行中的昆虫会被光吸引。生活在洞穴里的蕈蚊幼虫会分泌黏液，黏液呈垂丝状，而且发光，可以此诱捕猎物。

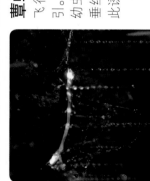

萤火虫

萤火虫从尾部发出光亮。它们利用发出的闪光彼此交流，寻觅配偶。

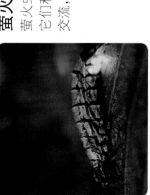

鱼睡觉吗?

鱼要睡觉,但鱼没有眼睑,所以你很难分清它们是醒着还是睡着。但是,鹦嘴鱼睡没睡着却很容易看出来,因为它们睡觉时会分泌一个黏糊糊的茧将自己包裹起来。

黏液毯子

每天晚上,鹦嘴鱼都要织一条保护性的黏液毯子并睡在里面。黏液是从它们嘴里分泌出来的。

鹦嘴鱼要花一小时的时间来为自己造一个茧。

安全的茧

茧是一层保护性屏障,可防止鱼虱的叮咬,这或许是因为这层茧隐藏了鱼的气味。

哪些动物的眼睛与众不同?

变色龙

大多数爬行动物,如变色龙,都有固定在瞳孔上的眼睑。当变色龙转动眼睛时,眼睑会随之转动。

壁虎

与大多数壁虎一样,这种生活在纳米比亚沙漠中的壁虎也没有眼睑。它们用长舌头舔眼睛来保持眼部清洁。

？ 你知道吗？

1. 所有鹦嘴鱼都会造一个过夜的茧吗？

2. 所有的鱼都在晚上睡觉吗？

答案见第134页

预警

黏糊糊的"毯子"同时扮演着警报员的角色。当海鳗等捕食者碰到茧时，鹦嘴鱼就会发觉，可以有时间逃走。

河鲀是怎么鼓起来的？

对鱼类来说，避免被比自己大的鱼一口吞掉的最好方法，就是使自己变得更大。河鲀就是这么做的，它们吞进很多水让身体鼓起来。有些河鲀还有毒。

小而缓慢

河鲀是缓慢而笨拙的泳者。它们的身体瘪下来时会变得非常小，如图中这条。这时，它们容易成为捕食者的目标。

？ 你知道吗？

1. 河鲀有牙齿吗？

2. 小河鲀如何保护自己？

3. 河鲀是怎么瘪下去的？

答案见第134页

抗撕裂

河鲀的皮肤坚韧而富有弹性，所以当它们的身体鼓起来后，皮肤不会撕裂。它们的胃壁呈折叠状，能让胃膨胀起来。

难以下咽

鼓起来的河鲀不仅看上去很吓人，而且对大部分捕食者来说，它们大得有些难以入口。这点至关重要，因为当它们鼓起来后，游速只有之前的一半。

一条河鲀体内所含的毒素能导致30个成年人死亡。

还有哪些动物能膨胀起来？

蟾蜍

如果蟾蜍感受到威胁，它们就会大口吸气，伸开四肢，让自己看起来更大更吓人。

军舰鸟

雄性军舰鸟鼓起鲜艳的红色喉囊，像吹气球一样，来吸引雌鸟。

飞鱼真的能飞吗？

飞鱼借助宽大的鳍从海面上一跃而起，看起来就像在飞行。它们在水中加速，然后跃出水面躲避捕食者。因为无法拍打鱼鳍，所以它们只是滑翔，不是真正的飞行。

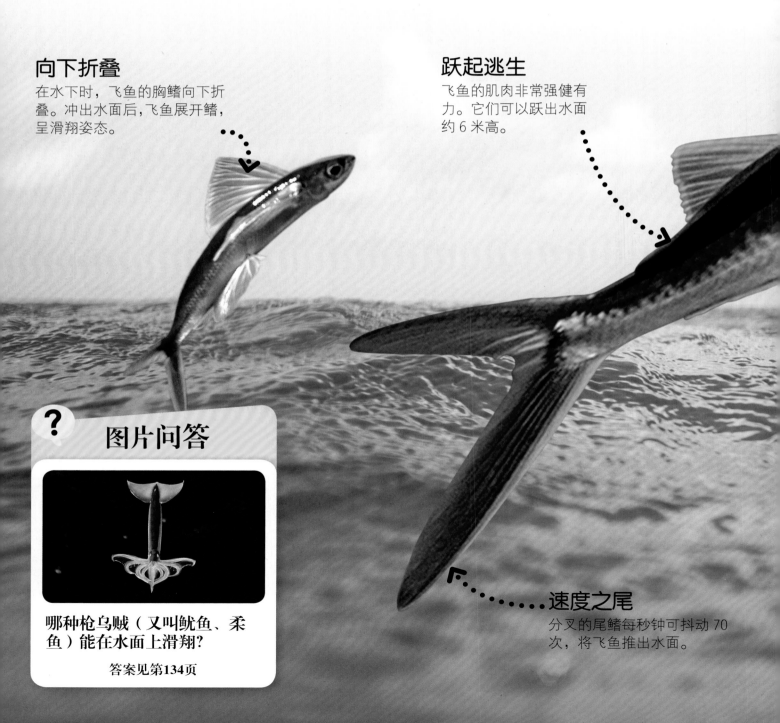

向下折叠

在水下时，飞鱼的胸鳍向下折叠。冲出水面后，飞鱼展开鳍，呈滑翔姿态。

跃起逃生

飞鱼的肌肉非常强健有力。它们可以跃出水面约6米高。

速度之尾

分叉的尾鳍每秒钟可抖动70次，将飞鱼推出水面。

? 图片问答

哪种枪乌贼（又叫鱿鱼、柔鱼）能在水面上滑翔？

答案见第**134**页

笔直的身体
鱼雷形的身体保持笔直，这样飞鱼更容易在空中滑翔。它们最多可在空中滑翔 45 秒。

飞行之鳍
飞鱼展开胸鳍，就像打开翅膀一样。有些飞鱼还有特别大的尾鳍。

飞鱼在空中滑翔的速度可达每小时70千米。

还有哪些动物看起来像在飞行？

鼯鼠
这种动物的前后肢之间有多毛的飞膜。当鼯鼠从一棵树滑翔到另一棵树上时，飞膜就像降落伞一样。

黑掌树蛙
虽然很多蛙类都是跳远高手，但黑掌树蛙能借助趾间宽大的蹼在树间滑翔。

双髻鲨的
头部有3000多个
感应毛孔。

鲨鱼是如何觅食的？

虽然有些鲨鱼对水中血的气味特别敏感，但所有鲨鱼都有一种更有效的追踪猎物的方法：利用特殊的感受器，鲨鱼能侦测到动物活动时肌肉和神经发出的微小电信号。

? **真的还是假的？**

1. 所有鲨鱼都吃人。

2. 鲨鱼一生会不停地换牙。

答案见第134页

好奇的大眼睛

双髻鲨又叫锤头鲨。它们的眼睛分得很开，位于"锤头"的两端，这给了双髻鲨 360° 的全方位视野。

动物能放电吗？

电鳐

电鳐扁平的身体上有很多发电器官，能放电赶走捕食者。

电鳗

尽管所有动物的肌肉和神经都能产生电流，但电鳗能放出强度更大的电流电晕捕食者。

埋在沙中的猎物

双髻鲨的"家常便饭"是赤魟，后者常将自己埋在沙子里隐藏起来。像使用金属探测器一样，双髻鲨用自己的"锤头"扫描海底，就能发现它们。

锤头

双髻鲨古怪的头部前缘布满很多微小的感受器，这些感受器能探测到猎物的电活动。

珊瑚有生命吗？

珊瑚看起来像五颜六色的岩石，但事实上，它们是由微小生物聚集而成的生物群体。这种微小生物叫作珊瑚虫。白天，珊瑚看起来死气沉沉，但是一到晚上，成千上万的珊瑚虫就会伸出触手，捕食漂浮在水中的小生物。

珊瑚礁

珊瑚礁的表面布满成千上万的珊瑚虫。珊瑚虫下端固着于一点，但触手可以摆动。

? 你知道吗？

1. 珊瑚如何蜇刺？

2. 什么是珊瑚礁？

答案见第**134**页

单个珊瑚虫

展开的珊瑚虫看起来就像海葵一样。它们能用一圈带刺的触手麻痹小猎物，将猎物捉住后送入位于中央的口中。

石化骨骼

许多珊瑚由坚硬的石化骨骼组成，可以保护生活在其间的柔软的珊瑚虫。

世界上第一座珊瑚礁形成于5亿年前。

还有哪些动物看起来不像活的？

石鱼

石鱼看起来像块石头，但若被它们背部的棘刺刺到会非常痛苦。

海绵

海绵也是群居动物，但它们没有触手。如果海绵被破坏分离，分离的碎片能组合或再生成新的个体。

为什么海豚有呼吸孔？

尽管一生都在水中度过，但海豚与人类一样用肺呼吸。它们通过呼吸孔在海面吸气，在水中则屏住呼吸。

? 选一选

1. 还有哪种海洋哺乳动物有呼吸孔？
   a）鲸
   b）海豹
   c）海獭

2. 海豚能跃出水面多高？
   a）3米
   b）4.5米
   c）6米

答案见第134页

吹泡泡

海豚可以从呼吸孔中吐出一股股的气泡。在捕猎时，它们可以利用气泡把水搅浑，让猎物看不清周围情况。

呼吸孔

当海豚需要呼吸时，呼吸孔的作用就像人的鼻孔一样。当海豚在水中时，一个特殊的阀门会将呼吸孔闭合。

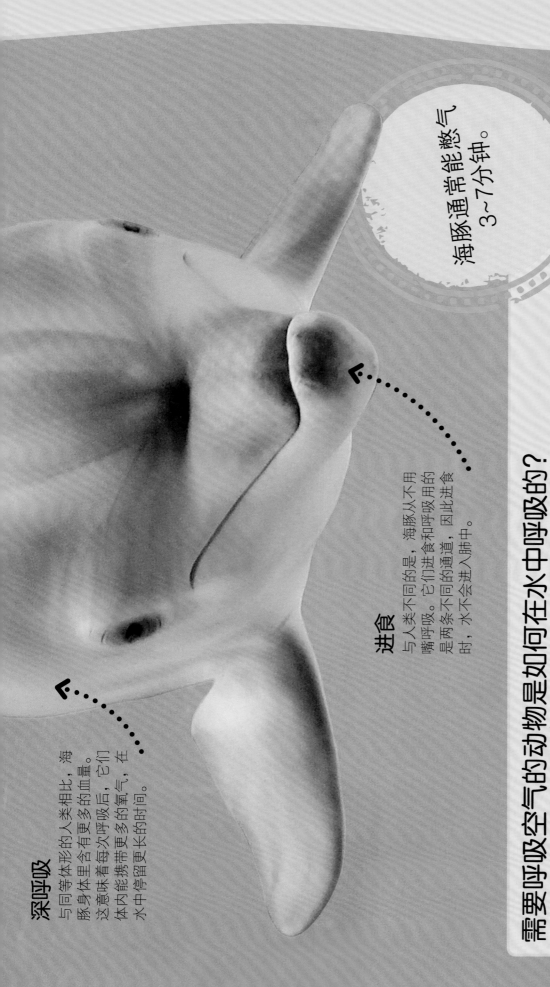

深呼吸

与同等体形的人类相比，海豚身体里含有更多的血量。这意味着味每次呼吸用的，它们体内能携带更多的氧气，在水中停留更长时间的时间。

进食

与人类不同的是，海豚从不用嘴呼吸。它们进食和呼吸用的是两条不同的通道，因此进食时，水不会进入肺中。

海豚通常能憋气3~7分钟。

需要呼吸空气的动物是如何在水中呼吸的？

上翘的鼻子

河马的鼻孔长在面部的上端。即便它们身体的大部分都没入水中，鼻子依然能呼吸。

气泡

水蜘蛛是唯一一种在水下捕食的蜘蛛。它们利用蛛丝形成一个气泡来实现在水里呼吸，有点像携带氧气罐的深海潜水员。

哪些动物生活在深海？

海面 1000 米以下的地方极度寒冷，漆黑一片。不过，还是有很多奇特的深海动物生活在这里，这样严酷的环境反而是它们理想的家园。

尖牙鱼
这种鱼的牙齿太大，以至它们不能完全闭上嘴。它们用尖牙捕食猎物，再将猎物整个吞掉。

小飞象章鱼
与其他章鱼不同，小飞象章鱼的鳍就像两只大耳朵，能帮助它们游泳。它们生活在海面以下约 3000 米的地方。

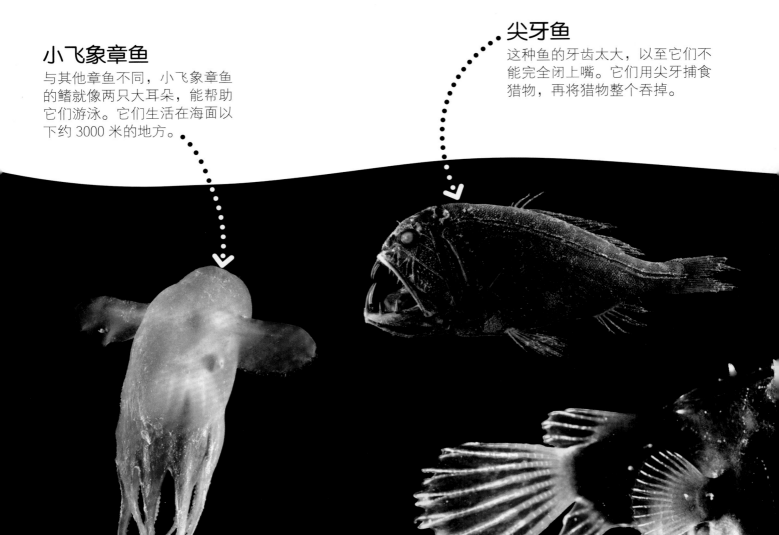

哪种动物能在极度炎热的环境下生存？

更格卢鼠

一些生活在炎热干旱草原上的动物，如美国加利福尼亚的更格卢鼠，能在这种极度严酷的环境下生存。它们没有水喝，生存所需的全部水分只从食物中获得。

撒哈拉银蚁

在那些地面热到足以在上面煎蛋的地方，大多数动物都会死亡。这种沙漠蚂蚁却能在烈日炙烤下的沙中穴道里疾走。穴道里的温度能达到50℃以上。

宽咽鱼

在深海中，觅食不是一件容易的事。为了生存，这种鱼会用它们的大嘴将虾等猎物一下子铲起来。

鮟鱇

雌性鮟鱇用头顶上会发光的"钓竿"来引诱猎物。猎物朝着光亮游去，就会被鮟鱇迅速吞掉。

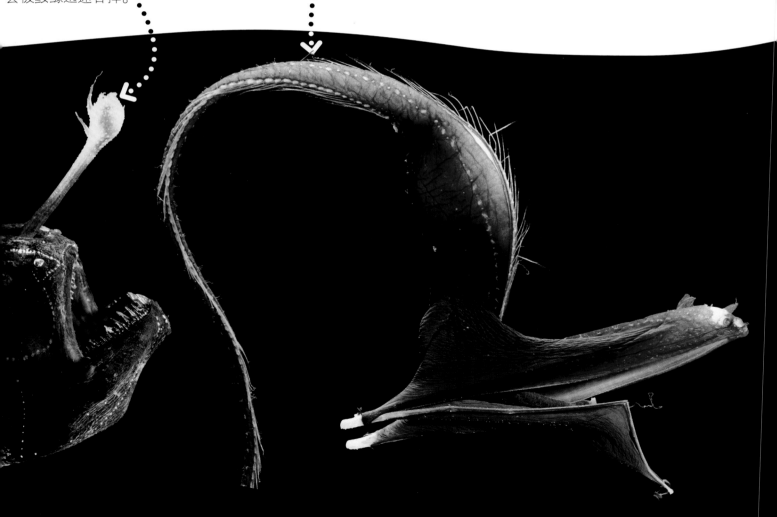

为什么小丑鱼不会被海葵刺伤？

海葵浑身是刺，所以在海葵上安家很是奇怪，但小丑鱼体表有特殊的黏液，能保护自己不被海葵刺伤。在海葵中生活可以让小丑鱼躲避捕食者。作为回报，小丑鱼为海葵做清洁并驱走海葵的敌人。

黏液皮肤

所有鱼类的体表都有黏液，但小丑鱼身上的黏液厚度是普通鱼类的三倍，这能保护小丑鱼不被海葵刺伤。

敌人

小丑鱼守卫着它们的海葵家园。它们会赶走其他鱼类，如吃海葵的鲽鱼。

? 你知道吗？

1. 为什么海葵会蜇刺？

2. 还有其他鱼类被体表黏液保护着吗？

3. 海葵是动物吗？

答案见第**135**页

哪些动物能抵抗毒液？

獴

对小型动物而言，被眼镜蛇咬一口，通常足以致命。但对獴这种小型哺乳动物来说，眼镜蛇的毒液毫无威力，战斗的结果通常是蛇成了獴的晚餐。

蜜獾

从蜂巢中偷蜂蜜时，你一定会被生气的蜜蜂包围。但蜜獾的皮肤特别厚，完全不受蜜蜂蜇咬的困扰。

捉迷藏

海鳗和其他捕食者无法攻击躲入海葵触手里的小丑鱼。

清洁

海葵以小丑鱼的排泄物为食。小丑鱼将海葵死去的触手和进食后的残渣清理干净。

为什么螃蟹横着走？

人类能向前走是因为我们的膝盖能向前弯曲，而大多数螃蟹的壳很宽，足关节只能伸向侧面。因此，螃蟹横着走更加容易。

灵活的关节
螃蟹的每条足上都有好几个关节。每个关节都能像人的膝盖一样弯曲，所以蟹足非常灵活。

还有哪些动物的行走方式很有趣？

红唇蝙蝠鱼
红唇蝙蝠鱼的身体扁平，形如网球拍。它们用片状鳍在海床上缓慢行走。

鸬鹚
鸬鹚的脚在身体靠后的位置，非常适合划水。但在陆地上，它们走起路来摇摇摆摆的，十分笨拙。

有些螃蟹的胃里长有"牙齿"，能帮助分解食物。

警惕的眼睛
沙蟹有着大大的眼睛，对潜在的危险保持警惕，随时准备逃跑。

侧面的足
螃蟹身体前部有两只朝向前方的螯，四对步足位于身体两侧。

? 图片问答

哪种蛇呈S形侧向爬动？

答案见第135页

沙线
当沙蟹在沙滩上横行而过时，它们的步足会在沙滩上留下一道道平行的线。

食人鱼嗜血成性吗？

食人鱼又叫食人鲳，它们有着剃刀般锋利的牙齿，大多数都吃肉。在许多故事中，它们被描述成极具攻击性的鱼类，对猎物群起而攻之，将猎物甚至人类撕成碎片。但事实上，食人鱼更喜欢捕食鱼类。它们结成群并非为了狩猎和杀戮，而是出于安全。

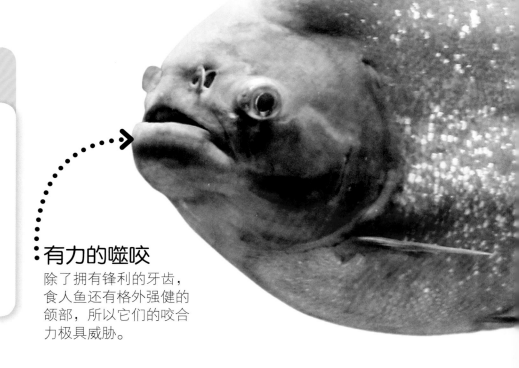

？ 真的还是假的？

1. 食人鱼生活在南美洲。

2. 所有食人鱼都只吃肉类。

3. 食人鱼喜欢在夜间活动。

答案见第135页

有力的噬咬
除了拥有锋利的牙齿，食人鱼还有格外强健的颌部，所以它们的咬合力极具威胁。

哪些动物才是真的嗜血成性？

吸血蝙蝠
这种蝙蝠将锋利的牙齿刺入猎物的皮肤，舔食从伤口流出的血液。吸血蝙蝠的鼻子上有热感应器，能准确定位猎物温热血液流经的地方。

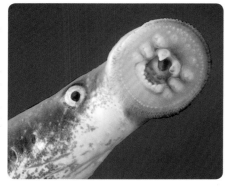

七鳃鳗
虽然没有咬合力强大的颌部，但这种鱼有一个四周长满牙齿的圆形的嘴。七鳃鳗用这种圆嘴咬住猎物的身体，向外吸血。

快速向前

与大部分鱼类一样，食人鱼游水的动力也大多来自尾巴的来回摆动。

食人鱼能咬穿一个粗心渔夫的手指。

以数量求安全

食人鱼结成大群活动，这样可以保护它们自身的安全。因为捕食者会发现，从一大群鱼中单独挑出一个猎物是件很困难的事。

呼吸
鲸，如这些抹香鲸，必须到水面呼吸。在那里，它们可能会被船撞伤。

错误的信号
潜艇发出的信号会干扰鲸彼此之间的交流，阻碍它们潜水和进食。

潜水觅食
抹香鲸能潜到水下 2 千米以下的地方，几乎比其他所有哺乳动物潜得都深。在那里，抹香鲸捕食它们最喜爱的食物——大王乌贼。

在1950年前后的捕鲸业鼎盛时期，捕鲸船每年捕杀2.5万头抹香鲸。

海洋中有多少头鲸？

海洋是鲸的家园。鲸的种类有许多，但人类不停地捕杀，导致今天鲸的数量比一个世纪前少了很多。许多种类的鲸濒临灭绝，这意味着在不久的将来，它们就会从世界上消失。海洋中有数十万头抹香鲸，但或许只有大约1万头蓝鲸。

? 选一选

1. 哪种鲸的数量最少？
   a）弓头鲸
   b）铲齿中喙鲸
   c）座头鲸

2. 为什么人类要捕鲸？
   a）为了获得鲸肉、鲸油和鲸脂
   b）为了娱乐
   c）为了给海洋中的船只清路

答案见第135页

为什么动物会濒临灭绝？

猎杀
如果动物被人类猎杀的速度快于它们的繁育速度，动物的数量就会逐渐减少。出于对犀角的渴望，人类大量捕杀黑犀。它们几乎快从地球上消失了。

失去家园
食猿雕生活在雨林里，但砍伐森林已导致食猿雕觅食和生存的栖息地面积锐减。

濒危鲸种

这里列出了部分濒危鲸种

蓝鲸

长须鲸

北大西洋露脊鲸

北太平洋露脊鲸

塞鲸

无脊椎动物

没有脊椎的动物，如昆虫、蜘蛛和蜗牛，称为无脊椎动物。与其他动物相比，无脊椎动物的种类要多得多。

为什么水黾不会溺水？

其他昆虫可能会溺水，但水黾却能轻松地在水面上快速穿行。它们足上细密的防水刚毛形成了特殊的足垫，能防止它们的身体下沉。虽然水黾的足会压凹水面，但防水的细毛能保持足部干燥。

水黾通过敏感的足感知落入水中的昆虫所引起的震动，然后捕食它们。

后足

当水黾从水面掠过追逐猎物时，后足就像船舵一样，能让身体快速转向。

还有哪些动物能在水面穿行？

水上疾跑
美国中部和南部的蛇怪蜥蜴或许是能在水面上奔跑的最重的动物。它们的脚可以裹住气泡，使身体浮在水面上，但它们必须快速奔跑才不会沉入水中。

挂在水下
水面既能从水上也能从水下支撑起小动物。食肉昆虫仰泳蝽能在翅膀下方和身体周围贮存空气，进而"抓"住水面，潜入水下捕食。

前足
多刺的前足能抓住昆虫。水黾有喙一样锋利的口器，口器中的有毒唾液能让猎物无法动弹。

中足
水黾的中足如同船桨一般，推动身体在水面穿行。

？ 你知道吗？

1. 为什么苍蝇会溺水，不能像水黾一样待在水面？

2. 为什么所有能在水面上行走的动物都很小？

3. 还有别的动物能在水面上行走吗？

答案见第135页

蜜蜂因何而舞？

为了供养整个蜂群，蜜蜂需要采集大量的花蜜。当一只蜜蜂发现了富含花蜜的花丛时，它会飞回蜂巢，跳一段"摆尾舞"来告知同伴花丛的位置。

翅膀
蜜蜂的嗡嗡声是它们的翅膀快速拍打时发出的。

一个蜂巢的蜜蜂每分钟能采40朵花的花蜜。

摆尾舞

飞回蜂巢的蜜蜂会跳一段 8 字形舞蹈，来告诉其他蜜蜂花丛所在的方位。它们跳舞的速度越快，表明花丛的距离越近。

这是以太阳为参照的飞行方向。

其他蜜蜂聚在周围观看舞蹈。

？ 真的还是假的？

1. 所有蜜蜂都是雌性。

2. 蜜蜂在冬季冬眠。

3. 蜜蜂既需要采食花蜜，也需要采食花粉。

答案见第135页

采蜜
蜜蜂用多毛的舌头从花朵产花蜜的部位吸食花蜜。

花粉囊
花朵为了生成种子，会长出微小的花粉粒。蜜蜂喜食花粉。它们将花粉收集在一个囊中，并固定在后足的凹槽里带回蜂巢。

蜇刺
蜜蜂用锯齿状的、有毒的螫针来保卫蜂巢。

还有哪些动物会跳舞？

孔雀蜘蛛
为了吸引雌性，澳大利亚的雄性孔雀蜘蛛会舞动身体，跳一段生动精彩的舞蹈。

极乐鸟
很多极乐鸟都有惊艳的多彩羽毛。雄性极乐鸟，如这只阿法六线风鸟，用舞蹈来吸引雌鸟。

为什么蜣螂要收集粪球？

想要滚动一个比自己重 10 倍的粪球可不是一件容易的事，但蜣螂爸爸竟然整天都在做这件事。为了吃饱和养育孩子，蜣螂爸爸会收集其他动物的粪便。当蜣螂爸爸滚粪球的时候，蜣螂妈妈有时甚至会骑在粪球上。

还有哪些动物是清道夫？

埋葬虫

埋葬虫将死去的老鼠等动物埋了，然后将它们的卵产在这些动物的尸体上。当幼虫孵出后，便有了现成的食物。

残羹剩饭

秃鹫捡食狮子和其他捕食者吃剩的动物皮肉和骨头，就像一个清洁工。

翅膀

蜣螂的前翅像贝壳一样坚硬。前翅下还有一对翅膀，让它们可以飞来飞去寻找粪便。

向后看

蜣螂用中间和后面的足推动粪球，用前足支撑地面。

粪便大餐

蜣螂夫妇一起将粪球埋好，然后蜣螂妈妈将卵产在粪球里。刚出生的蜣螂幼虫就以粪便为食，最后长成成年蜣螂。

珍贵的粪便

如果有其他蜣螂试图偷取粪便，蜣螂爸爸会将它们击退。

? 你知道吗？

1. 如果没有蜣螂，世界会怎么样？

2. 蜣螂如何将粪便滚成一个球？

3. 蜣螂夫妇会照看它们的孩子吗？

答案见第135页

为什么蚂蚁总是忙忙碌碌的？

蚂蚁家族的任何一个成员都很难闲下来。几千只工蚁进进出出地照看蚁巢。它们需要收集食物，照顾幼蚁，防御外敌。在蚁巢深处，蚁后正忙着产卵。大部分卵将来会长成新的工蚁。

切叶蚁能搬动相当于自身体重50倍的东西。

工蚁
工蚁将叶子碎片扛在身上，其背部的突起帮着它们托起叶片。

一片叶子
用颚将叶子整齐切下后，强壮的工蚁将叶子搬回蚁巢。

在蚁群中

蚁后比工蚁大得多。蚁群中所有的卵都是蚁后产下的，而工蚁负责照顾卵。

兵蚁拥有强壮的颚部，头部较大。它们的职责是守护家园，抵御外敌。

所有工蚁都是雌性。工蚁负责采集叶片，最小的那些工蚁在叶片上种植真菌作为食物，供给整个蚁群。

蚁后

兵蚁

工蚁

? 你知道吗？

1. 工蚁产卵吗？

2. 蚂蚁什么时候会飞？

3. 所有种类的蚂蚁都采集叶片吗？

答案见第135页

清理干净

一些工蚁沿着树叶检查，确保叶子干净，没生虫子。

菌类食物

工蚁将叶子碎片搬回蚁巢的"食品储藏室"。较小的工蚁将真菌种在叶片上作为食物。

还有哪些动物是被王后统治的？

白蚁

白蚁长得很像蚂蚁，它们的身体是白色的。它们用黏土筑起巨大的塔形蚁冢作为巢穴。白蚁蚁后能长到15厘米长。

裸鼹形鼠

这些被王后统治的哺乳动物有组织地生活在非洲的地下。王后与一两只雄鼠交配后产下幼崽。像蚂蚁一样，那些不负责繁殖后代的雌性工鼠负责照看洞穴。

为什么人的头上会长虱子？

你的头对某些昆虫来说是舒适的家园，还能为它们提供食物。头虱会用足紧紧抓住你的头发，饥饿时用锋利的口器刺穿你的皮肤吸血。头虱不会飞，它们会待在你的身上，并将卵黏在头发上。

放大

头虱有 2~3 毫米长。这张图片是放大了 100 倍的头虱。

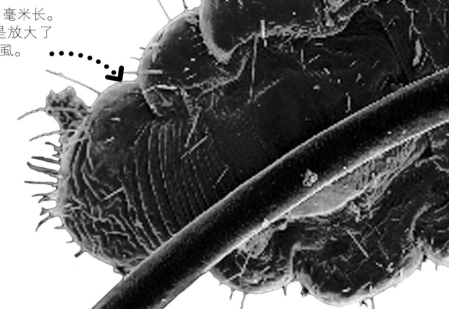

头虱每天会吸血 4~5 次。

还有哪些动物以我们的身体为食？

绦虫

绦虫能在我们的肠道里生存。在那里，它们吸收一些人体消化了的食物。如果你不慎食用了感染了绦虫卵囊的肉类，绦虫就可能寄生在人体中。有些绦虫甚至能长到 10 米长。

水蛭

水蛭是一种蠕虫，能咬住人类的皮肤吸食血液。一旦吸饱了血，水蛭就会掉下来，直到饥饿驱使它们寻找下一个受害者。在水里和陆地上，你都可能见到它们。

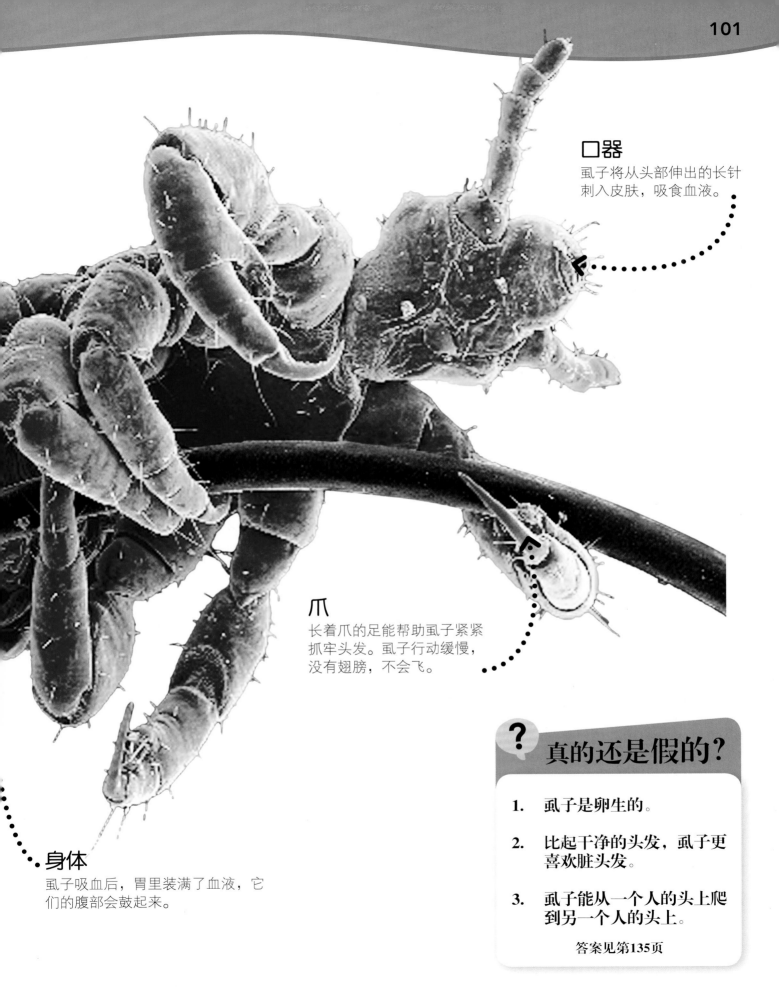

口器
虱子将从头部伸出的长针刺入皮肤，吸食血液。

爪
长着爪的足能帮助虱子紧紧抓牢头发。虱子行动缓慢，没有翅膀，不会飞。

身体
虱子吸血后，胃里装满了血液，它们的腹部会鼓起来。

? 真的还是假的？

1. 虱子是卵生的。

2. 比起干净的头发，虱子更喜欢脏头发。

3. 虱子能从一个人的头上爬到另一个人的头上。

答案见第135页

蜘蛛是如何织网的？

蜘蛛用蛛丝织网。蛛丝是一种特殊的线，比人的头发丝还细，却比钢丝还要结实，非常适合捕捉昆虫。蜘蛛先在枝叶间织一张几乎看不见的网，然后把黏液撒在上面。这样一来，任何被网困住的昆虫都无法逃脱，而它们在落网之前都毫无戒备。

园蛛

十字园蛛织的网是圆形的。它们每天都会织一张新网。

纺管

蛛丝原本是蜘蛛身体后端腺体分泌的黏液。这些黏液从一种叫作纺管的特殊"喷嘴"中挤压出来，就像将胶水从管中挤出来一样，然后变硬，成为丝线。

如何织网？

1. 蜘蛛先放出一根蛛丝，蛛丝随风飘荡，直到牢固地粘在某个物体上。接着，蜘蛛放出第二根蛛丝，让蛛丝形成一个 Y 字形。

2. 蜘蛛从中心向外拉出更多辐射状的蛛丝，有点像车轮的辐条。它要确保蛛网的框架非常稳固。

3. 蜘蛛从网中心向外拉出螺旋形的丝来加固蛛网。接着，它再从外向内添上有黏性的螺旋形的丝，用来捕虫。

网

这种圆形的网很复杂。园蛛知道猎物会从哪里飞过，它们会将网织在那里。

？你知道吗？

1. 蜘蛛还用蛛丝做什么？

2. 世界上最大的蛛网是哪种？

答案见第135页

还有哪些动物利用陷阱捕食？

蚁狮

蚁狮会挖掘沙坑来捕食猎物。它们在沙坑底部静静等待，一旦猎物落入沙坑，蚁狮便用大颚将猎物抓住。

黑鹭

黑鹭用翅膀撑成一把"伞"，罩住自己，制造一片阴影，诱捕那些误以为阴影中很安全的鱼。

蜗牛的壳里藏着什么？

蜗牛将家驮在背上。壳保护着蜗牛柔软的身体和重要的器官，如心脏。在壳的深处，蜗牛的身体通过肌肉附着在螺旋形的壳里。一旦危险来临，蜗牛便会缩回壳中。

蜗牛雌雄同体，它们同时拥有雄性和雌性器官。

壳
壳是由坚硬的碳酸钙和角质物组成的。

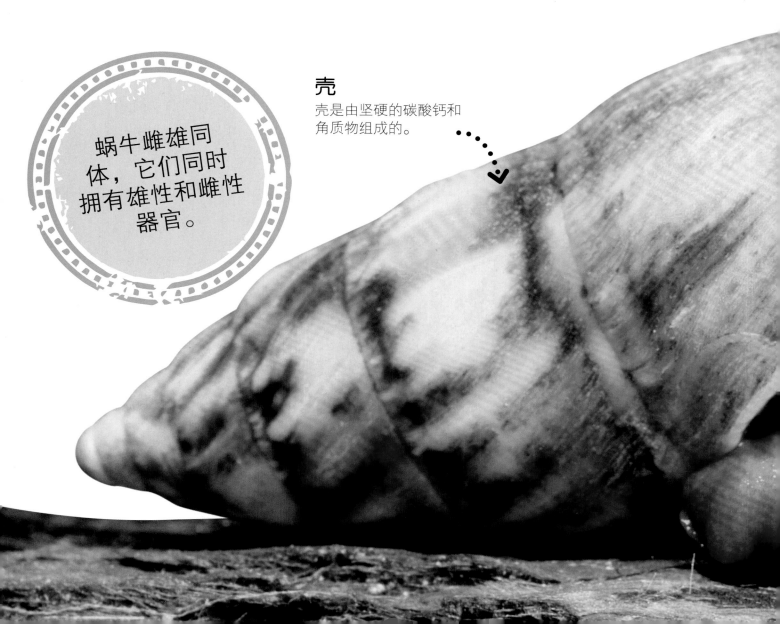

眼睛

蜗牛的眼睛位于触角顶端，用来观察壳外的世界。

肌肉足

蜗牛有一个用来向前爬行的腹足，由能像波浪般蠕动的肌肉构成，拖着蜗牛和它们的壳前行。

在壳里

蜗牛重要的器官，如肺和心脏，都藏在壳里，只有头部和腹足露在外面。这样，它们才能安全地四处爬行，感知周围环境。

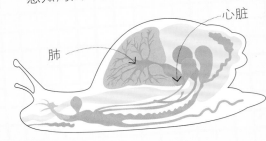

还有哪些动物随身带着家？

海龟

对海龟和陆龟来说，龟壳就像是一身铠甲。有些龟甚至能将头和四肢全都缩进壳里。

寄居蟹

大多数螃蟹都长有硬壳，而寄居蟹却没有。它们会用空的螺壳来保护自己柔软的身体。

蚊子如何寻找猎物？

就算我们想拼命远离蚊子，蚊子也能通过空气中我们呼出的二氧化碳找到我们。当蚊子接近我们时，会落在温暖有汗的皮肤上。不过，你只需警惕雌蚊，因为雄蚊不吸血。

蚊子吸血时能吸2~3分钟。

触角
雌蚊的触角能探测到猎物的气味。雄蚊用多毛的触角寻找雌蚊，它们以花蜜为食，不吸血。

刺吸式口器
雌蚊的口器又长又尖，能刺穿皮肤表面。

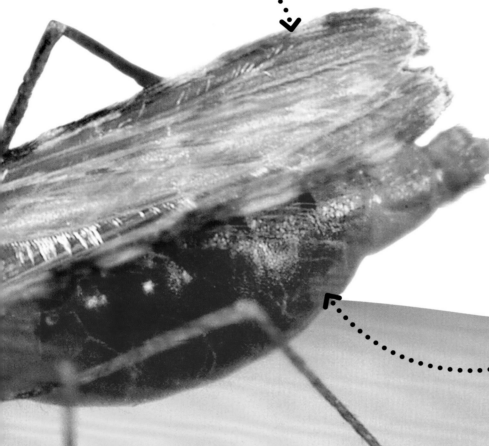

翅膀
蚊子依靠仅有的一对翅膀四处飞，寻找猎物。不飞时，翅膀平贴着身体。

血液
蚊子吸血后，血液进到胃里，使它们的身体鼓胀变红。

？你知道吗？

1. 所有的蚊子都吸血吗？

2. 吸血的蚊子很危险吗？

3. 为什么被蚊子叮过之后会发痒？

答案见第135页

还有哪些昆虫拥有超级感官？

皇帝蛾
雄性皇帝蛾是嗅觉之王，能嗅到10千米外雌性皇帝蛾的气息。这种蛾的寿命很短，它们只有一个月的时间去寻找配偶。

吉丁虫
若遇到森林火灾，大多数动物都会四散奔逃，而有种吉丁虫是个例外。它们会被吸引到着火和高温的地方，将卵产在烧焦的木头里。

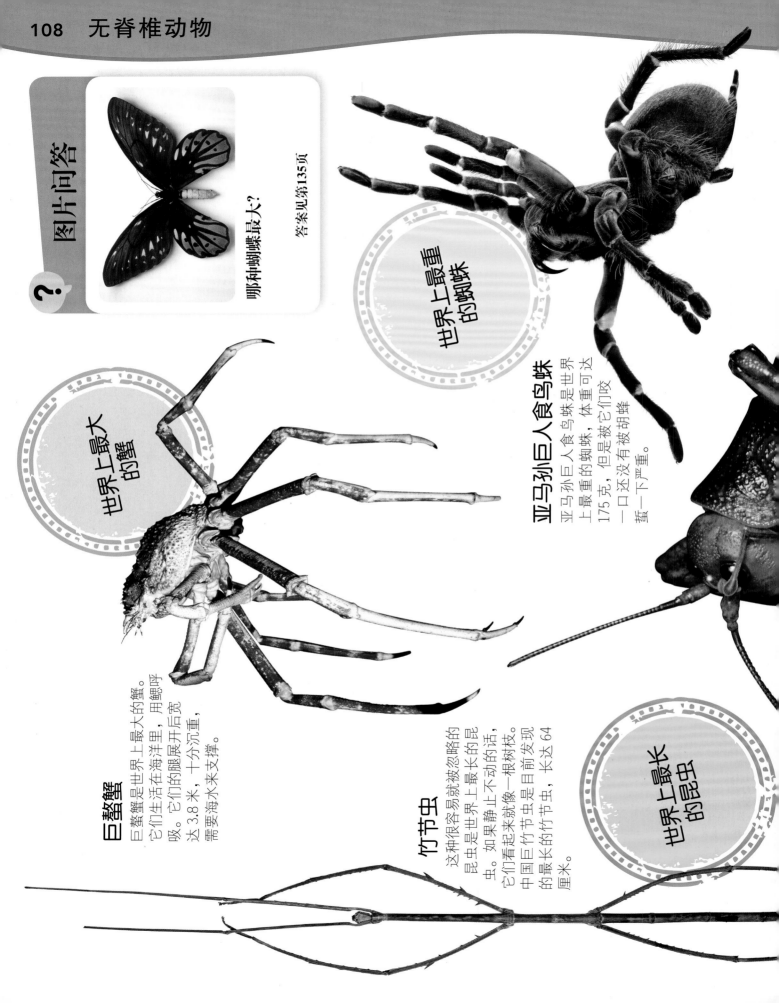

答案见第135页

图片问答

哪种蝴蝶最大？

世界上最重的蜘蛛

亚马孙巨人食鸟蛛

亚马孙巨人食鸟蛛是世界上最重的蜘蛛，体重可达175克，但是被它们咬一口还没有被胡蜂蜇一下严重。

世界上最大的蟹

巨螯蟹

巨螯蟹是世界上最大的蟹。它们生活在海洋里，用鳃呼吸。它们的腿展开后宽达3.8米，十分沉重，需要海水来支撑。

世界上最长的昆虫

竹节虫

这种很容易就被忽略的昆虫是世界上最长的昆虫。如果静止不动的话，它们看起来就像一根树枝。中国巨竹节虫是目前发现的最长的竹节虫，长达64厘米。

世界上最重的昆虫

世界上最大的节肢动物是什么？

地球上随处可见小小的节肢动物，但是有些节肢动物也很大。"最大"这个词可以形容很多不同的特征，如动物的体长、体宽或体重。这两页列出了节肢动物中的庞然大物。

巨沙螽
这种世界上最重的昆虫生活在新西兰。一只即将产卵的雌性巨沙螽比一只老鼠还要重三倍。

蝗虫是如何唱歌的？

蝗虫响亮的鸣叫声弥散在夏日的空气中。雄性蝗虫用"歌声"吸引雌性，但它们不是用嘴唱歌的。大多数蝗虫的后足都有音锉，用翅膀摩擦音锉可以发出声音。蟋蟀也以类似的方式鸣叫，但它们是让双翅相互摩擦。

触角

触角能感知气味，让雄性知道周围是否有雌性。

还有哪些动物会唱歌？

吹口哨的鲸

白鲸的歌声非常动听，它们被誉为"海洋中的金丝雀"。白鲸通过气孔下的空气振动来发音，这也是它们彼此交流的方式。

老鼠音乐家

雄鼠会用歌声吸引雌鼠。当它们觉得附近有雌鼠时，便会大声歌唱。这种声音频率太高，人类无法听到。

蝗虫的发音方式叫作摩擦发音。

你知道吗？

1. 还有其他动物能像蝗虫一样发音吗？

2. 所有蝗虫的鸣叫声都一样吗？

3. 哪种昆虫最吵？

答案见第135页

音锉
蝗虫每条后足上都有长得像梳齿一样的凸起，叫作音锉。音锉与翅膀摩擦就会发出鸣叫声。

刮器
蝗虫有两对翅。前翅上有刮器，与音锉摩擦时能发出声音。

聆听鸣叫声
蝗虫用身体两侧的"耳朵"来聆听彼此的鸣叫声。其实"耳朵"只是一对薄膜，感知到鸣叫声时会振动。

爬行动物和两栖动物

爬行动物和两栖动物都是变温动物（又称冷血动物）。爬行动物的皮肤干燥有鳞，两栖动物的皮肤潮湿黏滑。

壁虎是如何在天花板上爬行的？

壁虎是小型蜥蜴，拥有令人惊叹的本领：它们能在墙壁上爬行，而且能贴着天花板背朝下爬行。壁虎脚上特殊的脚趾垫能能帮助它们抓紧光滑的表面，如叶片或玻璃。

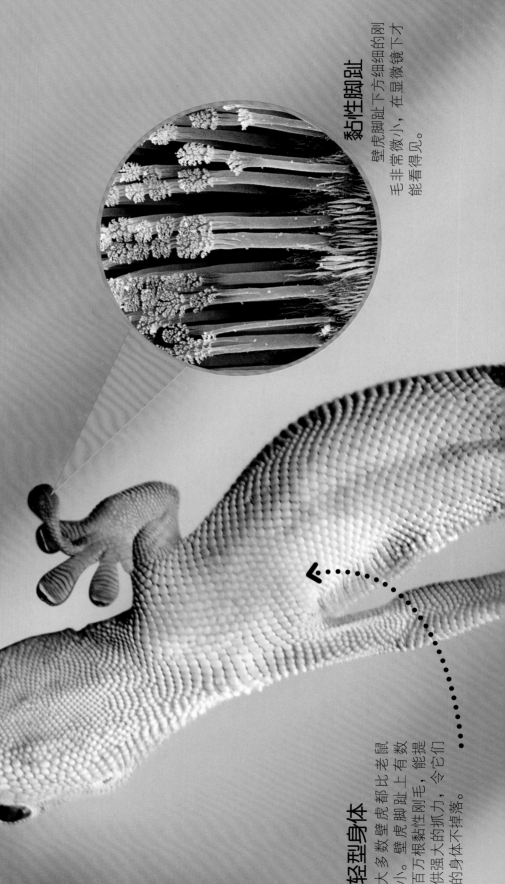

黏性脚趾

壁虎脚趾下方细细的刚毛非常微小，在显微镜下才能看得见。

轻型身体

大多数壁虎都比老鼠小。壁虎脚趾上有数百万根黏性刚毛，能提供强大的抓力，令它们的身体不掉落。

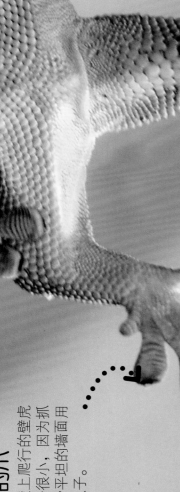

小小的爪

在墙壁上爬行的壁虎的爪子很小，因为抓紧光滑平坦的墙面用不到爪子。

特殊的脚

壁虎脚趾末端有宽大的脚趾垫，便于贴紧墙壁。

你知道吗？

1. 壁虎为什么要攀爬？

2. 所有壁虎都能在墙和天花板上爬行吗？

3. 壁虎为什么不会从墙上掉下来？

答案见第135页

还有哪些动物是攀爬高手？

羱羊

这种山羊大多生活在欧洲阿尔卑斯山脉。它们的蹄向外翻展，能牢牢地抓住近乎垂直的山岩表面。

家蝇

家蝇等昆虫的足上有带刚毛的足垫，能让它们黏附在墙壁上，就像壁虎一样。

变色龙是如何变色的？

变色龙变色就像你点头那么容易。它们通过调节皮肤下面微小的纳米晶体来改变颜色。不同的颜色反映了它们不同的情绪。

红色用于展示

雄性变色龙用闪亮的红色来显示自己正处于兴奋之中。这不仅能威吓其他雄性，还可以吸引雌性。

镜子原理

变色龙的某些体色来自它们皮肤下面的纳米晶体，这些纳米晶体就像很多能反光的小镜子一样。当变色龙兴奋时，晶体会分布得更加分散，这样体色就从蓝绿色变为了黄红色。

紧凑的纳米晶体反射更多蓝光。

分散的纳米晶体反射更多红光。

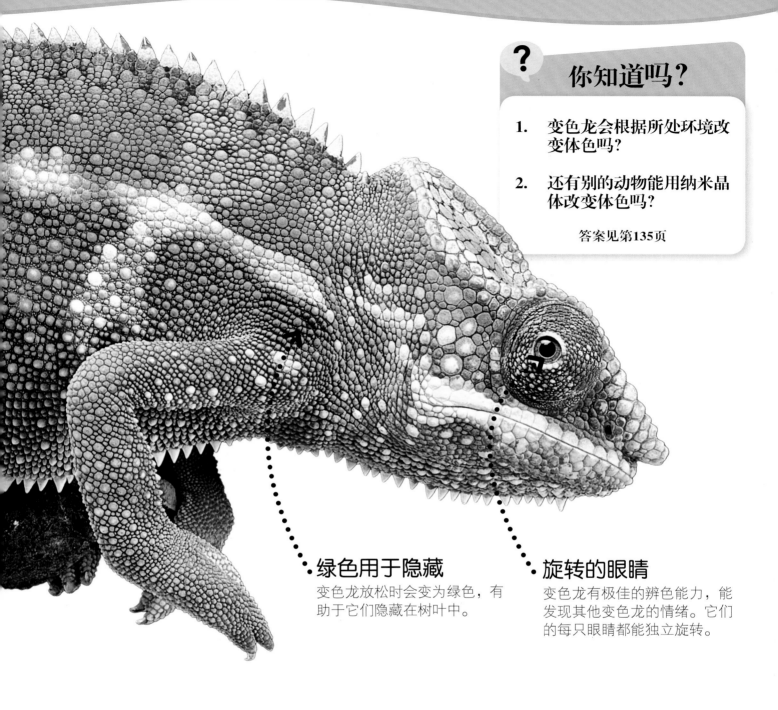

绿色用于隐藏

变色龙放松时会变为绿色，有助于它们隐藏在树叶中。

旋转的眼睛

变色龙有极佳的辨色能力，能发现其他变色龙的情绪。它们的每只眼睛都能独立旋转。

还有哪些动物能变色？

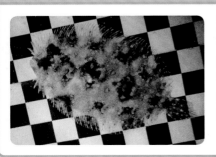

比目鱼

有些比目鱼，如图中这条，非常擅于根据所处环境来改变身体的颜色，让自己融入背景图案中。

黄金龟甲虫

这种甲虫能将体色从金色变成带斑点的红色，吓跑那些以为它们很美味的捕食者。

为什么蛇会把舌头伸出来?

或许这看上去很无礼,但蛇却有正当的理由吐舌头。除了品尝食物,蛇的舌头还能分辨空气中的味道,如新鲜猎物的气味。

? 你知道吗?

1. 蛇都是捕食者吗?

2. 蛇还有其他觅食方式吗?

答案见第135项

近视眼
蛇的视觉很弱,它们靠舌头追踪猎物。

动物还能用舌头做些什么？

降温

狗伸出舌头喘气呼吸时，舌头表面的水分会蒸发，这样能帮助它们的身体降温。

梳洗

在清洁方面，湿润的舌头就像湿毛巾一样好用。虎润的舌头上长有刚毛，能给自己好好梳洗一番。

捕猎

变色龙的舌头能伸得很长，且速度极快，是捕捉昆虫的利器。它们的舌尖上还有"吸盘"，能让捉到的美餐无法挣脱。

犁鼻器

在蛇的口腔顶壁，有一个被称为"犁鼻器"的化学感受器。蛇通过它将气味传送给嗅黏膜。

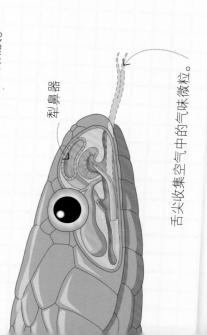

犁鼻器

舌尖收集空气中的气味微粒。

分叉的舌头

分叉的舌头能收集来自蛇身体两侧的气味，因此蛇能辨别出味道来自哪个方向。

蛇的下颌骨能张得很开，便于吞下大的猎物。

美西钝口螈
是什么动物？

美西钝口螈是蝾螈的一种，长得有点像蜥蜴。它们是"永远无法长大"的两栖动物。其他蝾螈的生长方式类似蝌蚪，出生时用鳃呼吸，随后鳃逐渐消失，发育出肺，它们便能在陆地上呼吸了。而美西钝口螈始终都有鳃，一生都生活在水中。

薄薄的皮肤
美西钝口螈的皮肤既柔软又轻薄，氧气可以直接通过皮肤进入血液。

?
你知道吗？

1. 美西钝口螈有骨骼吗？

2. 美西钝口螈是濒危动物吗？

答案见第135页

羽状外鳃

在水中，美西钝口螈主要用羽状外鳃呼吸。它们也通过鳃将部分身体废物排出体外。

野生美西钝口螈只在墨西哥的墨西哥城郊外的两个湖泊中发现过。

再生长

动物在受伤后通常都可以自我修复伤口，而美西钝口螈却能重新长出断肢。

还有哪些动物永远长不大？

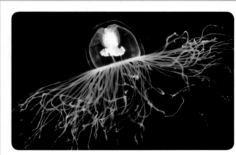

灯塔水母

这种小水母定居在海床上。它们能从性成熟阶段恢复到海葵一样的幼体阶段，一遍又一遍地重新生长，所以它们可能真的会长生不老哦！

无翅蚜虫

蚜虫是一种吸食植物汁液的昆虫。当食物充足时，它们便会产下永远不会长出翅膀的幼虫，因为这些幼虫无须飞着去觅食。

龙真的存在吗？

那些你在故事书里读到的喷着火的龙在现实世界里并不存在，但另一种不同的"龙"却是存在的。科莫多龙以它们栖息的印度尼西亚岛屿的名字命名，是世界上最大的蜥蜴。

?   图片问答

哪种小甲虫能从身体下部喷射出炽热的液体来警告威胁者？

答案见第135页

科莫多龙能长到鳄鱼那么大。

分叉的舌头
科莫多龙是科莫多岛上最大的捕食者。它们伸出分叉的舌头探寻空气中猎物的气味，甚至能捕捉到几千米之外的猎物气息。

重量级选手
最大的科莫多龙比一个成年男子还要重，而且力大无比，能打倒如鹿般大小的动物。

还有哪些动物长得像龙？

斗篷蜥
这种蜥蜴在察觉危险来临时会将颈部大大的皮膜张开。皮膜环绕着头部，让它们看起来大了很多。

飞蜥
这种蜥蜴可以伸展肋骨，将身体两侧的翼膜张开，在树间滑翔。

粗糙的皮肤
像所有爬行动物和故事里的龙一样，科莫多龙的皮肤上也覆盖着坚硬的鳞片。在争斗中，这些鳞片就像盔甲一样保护着它们。

致命的爪子
像故事里的龙一样，科莫多龙也有长长的爪子。爪子很锋利，能将大型猎物的皮肉撕开。

为什么箭毒蛙如此鲜艳？

箭毒蛙的体色鲜艳明亮，这让它们在雨林栖息地的地表上看起来如同宝石一般。但是，这些颜色并不仅仅使它们看上去漂亮，还有更重要的作用——警告饥饿的捕食者远离它们。这些蛙有致命剧毒。

? 真的还是假的？

1. 所有箭毒蛙都有致命剧毒。

2. 如果箭毒蛙被人捕获，过一段时间它们就会失去身体里的毒素。

答案见第135页

不同的色彩

草莓箭毒蛙得名于它们红色的皮肤，但也有一些个体的皮肤是黄色或蓝色的。

动物还能如何利用颜色？

警告
闪蝶翅膀的上表面是明亮的蓝色。它们张开双翅时蓝光突然闪现，能惊住和吓退要捕食它们的鸟类。

捕猎
兰花螳螂的体色与它们所在的花朵完美地融合在一起，这让它们能出其不意地抓住前来寻找花蜜的昆虫。

致命的黏液
箭毒蛙的毒素分布在遍布体表的黏液里。

爬行的食物
箭毒蛙的毒素来自它们吃的某种小爬虫，如螨虫（如图所示）或蚂蚁。

陆龟能活多久？

陆龟实实在在地过着一种在慢车道上的生活。由于硕大的壳让它们行动缓慢，并且它们只需较少的能量就能维持体温和生理机能，所以它们要经历很长的时间才能耗尽生命。这些巨型陆龟可能能存活一个多世纪之久。

老迈的四肢

年迈的陆龟可能会患上关节炎，这让它们走得更加缓慢。

还有哪些动物很长寿？

长寿的庞然大物

所有的鲸都很长寿，但弓头鲸的寿命最长，它们比其他哺乳动物要长寿得多。有些弓头鲸在一个世纪后还能繁育后代，它们也许能活 200 年。

漫长的统治

通常而言，昆虫都不会活得太久，但白蚁蚁后却能活上 50 年。它的一生都在蚁冢深处度过，不停地产卵，繁盛白蚁王朝。

生长纹

随着生长，龟壳的骨板会逐渐变宽，可能每年会长出一圈生长纹，有点像树干的年轮。

? 图片问答

哪种鸟类会四十年如一日地终生陪伴伴侣？

答案见第135页

坚硬的鳞

与其他爬行动物一样，陆龟也有鳞状皮肤。鳞片上覆有一层坚硬的角质，角质从内开始更新，外层的角质最终会脱落。

2006年，一只巨型陆龟在动物园中死去。它可能是1750年出生的。

爬行动物的血是冷的吗？

人们常说爬行动物是"冷血动物"，但事实上，它们的体温会随环境改变，所以它们也叫变温动物。天气寒冷时，它们是"冷血"的，但在阳光下，它们的血液温度会上升。如果蜥蜴的体温过低，肌肉就会变得迟钝，它们也就无法行动。

升温和降温

升温
爬行动物，如这只龟，喜欢晒太阳。它们利用太阳散发的热量来提升体温，让身体更加灵活。

降温
一些爬行动物在阳光下待的时间过长就会过热。鳄鱼张开嘴巴让自己凉快下来。它们让热量从嘴巴里散失掉，就像大口喘气的狗一样。

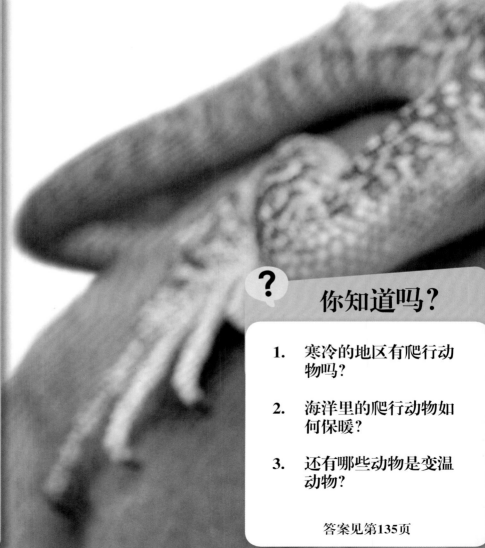

?

你知道吗？

1. 寒冷的地区有爬行动物吗？

2. 海洋里的爬行动物如何保暖？

3. 还有哪些动物是变温动物？

答案见第135页

白日之眼

蜥蜴在暖和的白天活动，这说明蜥蜴能用看的方式找到食物和配偶。一些蜥蜴的视力比大多数哺乳动物要好得多。

鳞状皮肤

蜥蜴和其他爬行动物的皮肤表面都覆盖着硬硬的鳞片，以防止皮肤在太阳的暴晒下脱水。

热成像

这张照片是一张热像图，图中不同的颜色显示了不同的温度。太阳温暖了蜥蜴的部分身体（橙色），但身体的其他部分（紫色）还是冷的。

日光浴浴床

在寒冷的清晨，爬行动物通常会找一处能晒到太阳的地方，如巨石的顶端，让自己快速暖和起来。

为什么青蛙摸起来很黏滑?

如果你曾经试着捉过青蛙,你就会知道它们摸起来有多么黏滑。蛙的皮肤会分泌黏液,黏液能防止它们的皮肤变干,还有助于抵抗感染。有些蛙分泌的黏液带有剧毒,能吓走捕食者,还有些蛙用它们的黏液给卵做巢。

有些毒蛙分泌的有毒黏液会致人死亡。

抓紧的脚

衣笠树蛙脚趾上的黏液能让它们紧紧依附在叶片和树枝上。它们将卵产在高枝上,以防被下方的捕食者盗取。

你知道吗?

1. 为什么蛇和蚯蚓的身体不是黏滑的?

2. 人类能分泌黏液吗?

3. 下雨时,青蛙身上的黏液会被冲走吗?

答案见第135页

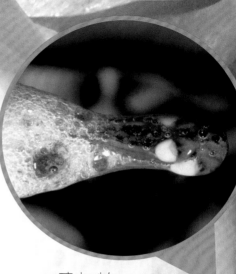

后腿

衣笠树蛙用后腿涂抹身体分泌的黏液，并将黏液与空气混合，形成微小的泡沫。

蝌蚪

卵孵化成会游泳的蝌蚪。它们掉进巢下方的池塘里，在这里发育成蛙。

黏稠的泡沫

衣笠树蛙将黏液搅成泡沫，将卵产在里面。泡沫外层会变硬，以保护里面湿润的卵。

其他黏滑的动物

蜗牛

蜗牛产生的黏液会形成滑滑的"地毯"，能帮助它们的腹足向前爬行。蜗牛爬过之处会留下一条轨迹。

盲鳗

盲鳗是世界上最黏滑的动物。它们能分泌黏液，将试图吃掉它们的鱼的鳃堵住。一条盲鳗在几分钟之内便能分泌一桶黏液。

鳄鱼真的会哭吗？

满眶的泪水并不代表动物真的很悲伤。鳄鱼并不会哭，它们流泪是为了防止眼睛变干。这些眼泪还有清洁眼睛的作用。

鳞状皮肤

鳄鱼皮肤上覆盖着坚硬防水的鳞片。

动物也有人类的情感吗？

"笑"着的鬣狗

鬣狗发出咯咯的声音是因为恐惧或兴奋，而不是高兴。它们被群中的其他成员欺负时也会发出咯咯声。

哀悼的大象

有些科学家认为大象和人类一样会悲伤。当象群中的一员死去时，大象会和离世的成员短暂地待一段时间，甚至真的会流泪。

当心

鳄鱼的眼睛位于头顶。当身体的其他部分沉入水中时，它们依然能看见水面上的情况。

流眼泪

鳄鱼的眼泪是在眼角的小囊中产生的，然后通过微管到达眼睛表面。特殊的第三眼睑（瞬膜）能让鳄鱼的眼睛里充满泪水。

猛地一咬

当鳄鱼猛地合上下颌时，咬合的力量或许会将眼泪挤出来。

？ 真的还是假的？

1. 鳄鱼悲伤时会流泪。

2. 湾鳄是个头最大、最爱流泪的鳄鱼。

3. 很多动物都有第三眼睑。

答案见第135页

答案

P8　1. 狩猎大型麋鹿的狼群中有多达 15~20 只狼。2. 不同的狼群通常会远离彼此。相遇时，它们或许会发生打斗。3. 狼通过嗥叫呼唤同群的狼集结，嗥叫声同时也起着威吓其他狼群的作用。

P11　1. 外貌上的"伪装"让动物能融入所处的环境。2. 有条纹的猫科动物并不多。欧洲野猫有条纹，一些宠物猫也有。3. 条纹能迷惑捕食者，也能帮助斑马辨认出彼此。

P12　1. 看得见。蝙蝠有良好的视力，但和很多昼伏夜出的哺乳动物一样，大多数蝙蝠都不能辨认颜色。2. 大多数蝙蝠都能用喉咙发声，但也有少数用舌头。一些蝙蝠的鼻子上有肉质结构，起着扩音器的作用。3. 并不是。有些蝙蝠吃水果、花蜜或花粉，有些大型蝙蝠吃鸟类、蜥蜴、蛙类甚至鱼类，吸血蝙蝠嗜食血液。

P15　1. 北极地区。2. 它们的皮肤下有一层脂肪，叫作鲸脂，能防止体内热量散失。3. 雄性有时用长牙打斗。

P17　天鹅。

P19　有胎盘类动物。

P21　1. 非洲和亚洲热带地区。2. 大象大约能活 70 年。3. 象群中年纪最大的雌象是象群的领袖。

P23　1. 假的。虽然驼峰燃烧脂肪时会产生少量水，但是骆驼获取水分还是主要靠饮水。2. 真的。骆驼是被人类引入澳大利亚的。3. 真的。它们吐出的口水中混合了胃容物，有一股臭味。

P24　哈士奇。

P27　1. 不是。只有蜘蛛猴、绒毛猴和吼猴的尾巴能盘卷抓握。2. 长臂猿的速度能达到每小时 55 千米。它们是小型的猿，不是猴子。3. 很多猴子都有与其余四指（趾）相对的拇指（大脚趾）。它们能用相互对着的手指或足趾抓握，挂在树枝上。

P29　老鼠。随着咀嚼的磨损，老鼠的牙齿会不断生长。

P30　1. 狐獴哨兵用尖叫声发出警报，族群里的每个成员都会迅速逃到安全的地方。2. 它们逃到洞穴中，这里也是哺育幼崽和晚上睡觉的地方。3. 不是。每个族群通常有 10~15 个成员，组成 2~3 个家庭。

P33　1. 它们的皮毛像天鹅绒一样柔软，可以向任意方向延展，这有助于鼹鼠在洞穴里轻松地前后移动。2. 鼹鼠从深深的隧道中挖出的土堆在地面形成的土堆。3. 鼹鼠每天可以吃掉相当于自身体重一半的食物，食物主要有蚯蚓和昆虫。星鼻鼹吃虾和鱼。

P34　1. 那些在明亮日光下依靠视觉行动的动物通常都有良好的辨色能力。2. 有些人天生是色盲，这是因为他们的眼睛缺少某种颜色感受器。

P36　1. 它们的食物范围很广泛，包括动物和植物。2. 北极熊。3. 大熊猫。

P39　1. 在南极的陆地上，唯一会捕食企鹅的动物是海鸟。企鹅蛋和企鹅幼鸟都可能会被贼鸥和海燕等海鸟偷食。2. 加拉帕戈斯企鹅。它们只在远离南美洲太平洋海岸的加拉帕戈斯群岛上生活，此地刚好位于赤道以南。3. 没有。北极有许多陆地捕食者，如北极熊和北极狐，因此鸟类必须靠飞行来躲避危险。

P42　翠鸟。

P44　1. 动物园里的火烈鸟无法吃到丰年虾或藻类，因此它们会被喂食特殊食物来保持身体的粉红色。2. 刚出生的火烈鸟幼鸟的喙是直的，随着年龄增长喙会逐渐变弯。3. 一枚。

P46　1. b）。2. a）。猫头鹰的眼睛太大了，以至于眼球无法转动。它们必须转动整个头部来看向不同的方向。

P48　1. 假的。这个说法的产生或许是因为鸵鸟有时候在躲避危险时会坐下来，将头和颈部伸展在前方的地上。2. 真的。鸵鸟能保持每小时 50 千米的速度长达半小时，最快速度能达到每小时 70 千米。

P50　1. b）。2. a）。

P53　1. 许多不迁徙的鸟类主要以浆果、种子或蠕虫这些终年可见的食物为食，或者生活在终年温暖的热带地区。2. 不是。根据动物不同的需要，迁徙有很多不同的路线。3. 不是。长途迁徙每天都可能发生。在海洋中，许多动物在夜间从海洋深处向上游到海面觅食。

P54　普通楼燕。

P56　1. 有些蜂鸟以蛛丝为材料建造顶针大小的巢，它们的卵还不及豌豆大。2. 不是。许多海鸟将卵产在裸露的岩石上。白玄鸥将卵产在树枝的凹槽里。3. 许多小型哺乳动物、刺鱼和鳄鱼为它们的后代筑巢。一些昆虫，如白蚁，能建造出动物界中最大的巢穴。

P58　1. 真的。成年帝企鹅站立时可高达 130 厘米，体重排在所有鸟类中的第五位。2. 假的。有些其他鸟类会在南极大陆的海岸线上繁殖，但帝企鹅的繁殖地是最靠南的。

P61　1. b）。2. c）。一对白头海雕会反复使用一个巢。巢由树枝搭建，每年都会加固，因此越来越大。

P63　1. 真的。2. 真的。比如，它们会以此来宣告自己的领地。3. 真的。

P66　1. 真的。许多深海鱼类都能发光，用来吸引配偶、迷惑捕食者或引诱猎物。2. 真的。没有兔子生来就能发光，但科学家可以通过实验手段让兔子发光。

P69　1. 不是。有些鹦嘴鱼会寻觅一处藏身之所。2. 不是。很多鱼类都在晚上活动，白天睡觉。

P70　1. 有。大河鲀用牙齿打开贝类。2. 小河鲀也能将身体鼓起来，但它们通常藏身于岩石缝隙中寻求安全。3. 它们将海水慢慢地从嘴里吐出来。

P72　太平洋褶柔鱼。

P74　1. 假的。鲨鱼咬人通常都是误把人当作海豹等猎物。2. 真的。长出的新牙会替代脱落的旧牙。

P76　1. 每个珊瑚虫的触手上都有许多微小的刺。2. 珊瑚在有阳光照射的温暖海域生长得最好。珊瑚群不断生长，会形成巨大的岩石结构，这样的岩石结构叫作珊瑚礁。

P78　1. a）。2. b）。

P80 1. 奇特的蝌蚪状的狮子鱼生活在海洋最深处，可深达海面8000米以下。2. 科学家乘坐一种像潜艇一样的特殊运载工具抵达深海。

P82 1. 海葵吃漂浮在海面上的微小动物，它们用带刺细胞的触手麻痹猎物。2. 有。所有鱼类都被黏液包裹着，这能有助于它们远离寄生虫和伤害。3. 是。海葵是水母的亲戚。

P85 角响尾蛇。

P86 1. 真的。食人鱼有几十种，主要生活在南美洲的热带地区。2. 假的。有些食人鱼吃坚果和水果。3. 假的。它们大多在白天活动。

P89 1.b）。人类仅知的铲齿中喙鲸来自极少数被冲上沙滩的个体，我们从未见过活着的铲齿中喙鲸。2.a）。1986年，为了让鲸的种群数量恢复，商业捕鲸行为被禁止。

P93 1. 苍蝇没有水黾的那种防水刚毛，因此会被水困住。2. 动物的体重必须很轻，这样水面才能支撑住它们的身体。3. 有。有些昆虫和蜘蛛可以。个头很小的侏儒壁虎是一种蜥蜴，有着特殊的防水皮肤，它们或许是能在水面上行走的最小的脊椎动物。

P94 1. 假的。雄蜂通常待在蜂巢附近。2. 假的。有些种类的蜂，如熊蜂，会冬眠，而蜜蜂在冬季还是忙忙碌碌的。3. 真的。富含糖分的花蜜用来酿制蜂蜜。蜂蜜给蜜蜂提供能量。花粉富含蛋白质，能帮助卵成长为新生蜜蜂。

P97 1. 虽然还有其他吃粪便的昆虫，但它们不会将粪便埋起来。

如果没有蜣螂，世界上将会有大量成堆的粪便！2. 它们的足部边缘有特殊的"牙齿"，有点像草耙，能将粪便攒成球。3. 有些种类的蜣螂妈妈会在卵孵化后和小蜣螂待在一起，以保证它们的清洁。

P99 1. 不产卵。蚁后能散发出一种化学物质阻止工蚁产卵。2. 有翅膀的蚁后和雄蚁为了交配并产下新的后代群体，每年要飞离巢穴一次，通常是在温暖湿润的季节。3. 不是。世界上有超过1万种蚂蚁，生活习性都不相同。例如，行军蚁是富有进攻性的食肉昆虫，以小动物为食。

P101 1. 真的。一旦幼虱孵化出来，空的卵就会变成白色。2. 假的。虱子似乎对头发是否干净没有偏好。3. 真的。如果头碰头，虱子可以从一个人的头上爬到另一个人的头上。

P103 1. 有些蜘蛛会织一个丝制的茧，将卵产在里面。一些小蜘蛛会将蛛丝射向空中，等着蛛丝被风吹动，带它们去别的地方。2. 马达加斯加的达尔文树皮蜘蛛织出的网长达25米，甚至能横跨一条河！

P104 1. 真的。蛞蝓没有保护性的壳，因此大多数蛞蝓喜欢躲在地下或原木下。2. 假的。大多数蜗牛吃植物，也有少数蜗牛是肉食性的。3. 真的。蜗牛的嘴虽然小，但有2万多颗牙齿。

P107 1. 不是。只有雌蚊才吸血，雄蚊以花朵的蜜露为食。2. 是的。在某些国家，一些特定种类的蚊子能传播危险的疾病，如疟疾和黄热病。3. 蚊子叮咬皮肤时，

会向皮肤中注入一种化学物质，防止血液凝固。我们的身体会对这种化学物质产生刺痒的应激反应。

P108 雌性亚历山大鸟翼凤蝶。这种蝶的翅展可达28厘米。乌柏大蚕蛾和白女巫蛾的翅膀也会长到差不多的长度。

P111 1. 一些大型蜘蛛通过摩擦足部刚毛发出嘶嘶的声音，有些蛇类能通过摩擦皮肤的鳞片发出声音。2. 不一样。不同种类的蝗虫发出的鸣叫声不同。3. 蝉。这种昆虫发出的鸣叫声很大，或许是昆虫中最大声的。

P115 1. 壁虎要爬行接近昆虫等猎物。2. 不是。有些壁虎生活在不需要攀爬的环境里，如沙漠。3. 壁虎脚趾上的黏性刚毛能提供强大的抓力，使它们的身体不会从墙壁上掉下来。

P117 1. 大多数变色龙在放松状态下身体是绿色或褐色的，隐藏在身处的环境中。只有当它们兴奋时，体色才会改变。2. 一些蜥蜴也能利用身体上的纳米晶体改变体色，就像变色龙一样。

P118 1. 除了少数吃蛋的蛇，所有的蛇都猎杀活的移动的猎物。2. 有。响尾蛇等一些毒蛇拥有特殊的感受器，能探测恒温动物散发的热量。

P120 1. 有。2. 是。野生美西钝口螈已经濒临灭绝，这主要是环境污染造成的。

P122 投弹手甲虫。

P124 1. 假的。有些种类的箭毒蛙会比其他的箭毒蛙毒性更强一些，但并不是所有箭毒蛙都有剧

毒。2. 真的。被捕获后，箭毒蛙不再进食使它们具有毒性的昆虫，身体里的毒素会随之消失。

P127 信天翁。

P128 1. 有。生活在最北端的爬行动物是胎生蜥蜴，甚至能在北极圈内发现它们的踪迹。2. 大多数爬行动物都生活在热带地区的温暖地表。棱皮龟自身的肌肉可以产生热量，因此它们能生活在海洋中较冷的地方。3. 大多数动物，包括两栖动物、鱼类和昆虫，都是变温动物。鸟类和哺乳动物（包括人类）是恒温动物。

P130 1. 因为蛇和蜥蜴都有硬而干燥的鳞片保护皮肤。2. 能。人类也会分泌黏液，如我们擤出的鼻涕。3. 不会。黏液摸起来黏糊糊的，保护着青蛙的整个身体表面，甚至当青蛙入水时也保护着它们。

P133 1. 假的。2. 真的。湾鳄是唯一一种经常在咸水中游泳的鳄鱼，它们通过眼泪排出体内多余的盐分。3. 真的。有些动物，包括鳄鱼，有第三眼睑。它们通过眨眼来保持眼睛湿润。

问题

1. 哪种鸟的喙占体长的比例最大？

2. 蜈蚣真的有100条足吗？

3. 哪种动物的粪便是方形的？

4. 响尾蛇如何发出声响？

5. 哪种鸟能向后飞？

7. 章鱼有多少个心脏？

6. 除了人类，还有什么动物会睡在床上？

8. 所有的猫科动物都会喵喵叫吗？

9. 哪种动物的卵最大？

10. 哪种动物的爸爸会怀孕？

考考你的小伙伴！

谁最了解动物世界？快用这些难题来考考你的朋友和家人吧！

答案

1. 巨嘴鸟

2. 不同种类的蜈蚣足的数量也不同，但是没有正好有100条足的蜈蚣。

3. 袋熊

4. 它们的尾巴快速摇晃，尾巴末端的中空角质环就会发出响亮的声音。

5. 蜂鸟

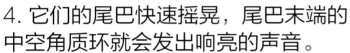

6. 猩猩。它们会用树叶和树枝搭一个柔软的"床"来睡觉。

7. 3个。两个心脏给两鳃泵血，第三个心脏给其他器官泵血。

8. 大型猫科动物，如老虎、狮子和豹，不会喵喵叫，而是吼叫。

9. 驼鸟

10. 海马爸爸将受精卵放在它们的育儿袋中。受精卵在育儿袋中发育，直到长成小海马。

词汇表

变温动物

体温会随着身处环境的温度而改变的动物，俗称冷血动物。爬行动物、两栖动物、鱼类和节肢动物都是变温动物。

濒危

当某种野生动物的数量非常少的时候，这种动物就面临灭绝的危险，即处于濒危。

捕食者

杀死其他动物以获取食物的动物。

哺乳动物

脊椎动物的一类，是恒温动物。大多数哺乳动物都有皮毛。人类、狮子和鲸都是哺乳动物。所有哺乳动物的母体都以乳汁哺育幼崽。

长牙

从嘴里伸出来的非常长的牙齿。大象和海象都有长牙。

触角

昆虫头部的感受器。

单孔类动物

产卵的哺乳动物。鸭嘴兽和针鼹是仅存的两种单孔类动物。

冬眠

动物在冬天身体麻痹，进入深度睡眠状态。在气温急剧下降且没有足够食物来源的情况下，冬眠是一种有效的生存方式。

毒素

动物为了捕食或防御，通过咬或刺，注入猎物或敌人体内的有毒的化学物质。

二氧化碳

动物呼吸产生的废气。动物通过肺或鳃呼出二氧化碳。

浮游生物

漂浮在海洋中或池塘里的微小动植物。有些浮游生物只能在显微镜下才能看得见。

海葵

一种生活在海洋中的动物，长有能捕食小型动物的带刺细胞的触手。

恒温动物

哺乳动物和鸟类即便身处寒冷的环境中，它们的身体也能产生足够的热量维持体温。俗称温血动物。

回声定位

声音遇到物体会反弹回来，利用这种弹回的声音定位的方法，叫作回声定位。海豚利用回声定位在浑水中捕鱼，蝙蝠利用回声定位在夜间寻找昆虫。

肌肉

身体上通过收缩来控制身体活动的一种组织。有些肌肉本身就是器官的一部分，如心脏。其他肌肉附着在骨骼上。

脊椎动物

长有脊椎的动物。鱼类、两栖动物、爬行动物、鸟类和哺乳动物都是脊椎动物。

两栖动物

一类拥有湿润皮肤的脊椎动物，是变温动物。蛙和蝾螈都是两栖动物。两栖动物大多数生活在陆地上，但在水中繁殖。

麻痹

当肌肉停止工作时，动物就处于麻痹状态，无法行动。有些动物能分泌毒液来麻痹猎物。

灭绝

某种动物已不存在。

爬行动物

脊椎动物的一类，是变温动物，长有干燥有鳞的皮肤。海龟、蜥蜴、蛇和鳄类都是爬行动物，它们大多将卵产在陆地上。

栖息地

动物或植物通常生活或生长的地方。

器官

拥有特定功能的身体组成部分。例如，心脏是泵血的器官。

迁徙

动物有规律地在不同地点间迁移的过程，通常是为了到达觅食地或繁殖地。

鳃

某些动物，如鱼类，用于在水下呼吸的器官。水中的氧气通过鳃进入血液。

珊瑚虫

一种群居的能相互结合形成珊瑚礁的生物。每只珊瑚虫都有能捕捉猎物的带刺触手。

神经

身体内携带电信号的纤维。有些神经将电信号传递给大脑；有些神经将电信号传递给肌肉，控制肌肉收缩。

食草动物

以植物为食的动物。

食肉动物

以肉类为食的动物。

伪装

动物的体色或形状与周围环境相近，帮助它们隐身于所处环境中。

细胞

构成生命体的基本单位，非常微小。

腺体

动物体内分泌某种特殊物质的组织。这种特殊物质对动物很有用，如汗液可以使皮肤降温，唾液能帮助消化食物。

消化

动物身体分解食物的过程，使营养成分能传递给身体细胞。

信息素

动物释放的一种化学物质，用来将信息传递给同种的其他个体。例如，动物为了预警释放的信息素。

氧气

维持生命活动需要的一种气体。动物通过肺、鳃或皮肤吸入氧气。

蚁后

在蚁群中产卵的雌性蚂蚁。

有袋类动物

哺乳动物的一类。刚出生时，幼崽非常小，在生长过程的早期通常待在母亲的育儿袋中。袋鼠、树袋熊都是有袋类动物。

有胎盘类动物

在子宫内孕育胎儿的哺乳动物，胎儿在出生前便可生长发育。有胎盘类动物包括人类、老鼠和大象等。

杂食动物

既吃植物又吃肉类的动物。

藻类

一类很像植物的生物。很多藻类都很微小，长在水中。

紫外线

只能被某些种类的动物看见的光线类型。例如，蜜蜂可以看见紫外线，但是人类却不能。

索引

致谢

DK 要感谢：校对 Caroline Hunt；索引 Helen Peters。

本书出版商由衷地感谢以下名单中的公司以及人员提供照片使用权：

缩写说明：a–上方；b–下方/底部；c–中间；f–底图；l–左侧；r–右侧；t–顶端。

4 Dreamstime.com: Shawn Hempel (crb). 8-9 Alamy Images: Corbis Super RF (t). 9 Alamy Images: Matthias Graben / imageBROKER (bl); Duncan Murrell / Steve Bloom Images (bc). 10 Corbis: Peter Langer / Design Pics (bl); Norbert Wu / Minden Pictures (cl). 10-11 Dreamstime.com: Julian W / julianwphoto. 12-13 Corbis: Michael Durham / Minden Pictures (t). 13 Alamy Images: FLPA (bc). Getty Images: Alexander Safonov / Barcroft Media (bl). 14-15 Corbis: Sergey Gorshkov / Minden Pictures. 14 Getty Images: Paul Nicklen / National Geographic (bl); Manoj Shah / Oxford Scientific (clb). 16-17 Alamy Images: Martin Harvey. 17 Alamy Images: Andrew Parkinson (tr). Getty Images: Nick Garbutt / Barcroft Media (br); MyLoupe / UIG (cr). 18-19 Corbis: David Watts / Visuals Unlimited. 18 Dorling Kindersley: Booth Museum of Natural History, Brighton (cb). 19 Alamy Images: Fixed Focus (tl). 20-21 Alamy Images: Johan Swanepoel. 21 Dreamstime.com: Stephenmeese (tl). FLPA: Michael & Patricia Fogden / Minden Pictures (tc). 22 Corbis: Karl Van Ginderdeuren / Buiten-beeld / Minden Pictures (bl). Fotolia: Peter Wey (clb). 22-23 Dreamstime.com: Yuriy Zelenen'kyy / Zrelenenkyyyuriy. 24 Corbis: David Cavagnaro / Visuals Unlimited (tr). 24-25 Getty Images: J. Sneesby / B. Wilkins / The Image Bank. 25 Corbis: Tom Brakefield (tl); Mark Payne-Gill / Nature Picture Library (tc). 26-27 Alamy Images: FLPA. 27 Alamy Images: Frans Lanting Studio (br). Getty Images: Sandra Leidholdt / Moment Open (bc). 28-29 Getty Images: Don Baird. 29 Alamy Images: Nigel Cattlin (bl). Corbis: Mike Parry / Minden Pictures (br). Dorling Kindersley: Thomas Marent (cr). 30-31 Corbis: kristianbell / RooM The Agency. 31 Alamy Images: Sylvain Oliveira (crb). Getty Images: Adegsm (r). 32 Alamy Images: blickwinkel / Hartl (bl). FLPA: Michael & Patricia Fogden / Minden Pictures (cl). 32-33 Corbis: Ken Catania / Visuals Unlimited. 34-35 Dreamstime.com: Pressureua (b). 35 Corbis: Joseph Giacomin / cultura (tc). Dreamstime.com: Studioloco (br). Science Photo Library: Cordelia Molloy (tl). 36 Getty Images: Jonathan Kantor / Stone (tl). 36-37 Dreamstime.com: Petr Mašek / Petrmasek. 37 Dreamstime.com: Emilia Stasiak (tc). Getty Images: Antony Dickson / AFP (tl). 38 Corbis: Alaska Stock. 39 Corbis: W. Perry Conway (tr). Getty Images: Hakan Karlsson (cr). 42 Alamy Images: Naturfoto-Online (bl). Corbis: Dale Spartas (c). 42-43 Dreamstime.com: Pavlo Kucherov (b). iStockphoto.com: GlobalP. 43 Dreamstime.com: Kim Worrell (tl). Getty Images: Stephen Frink (br). 44-45 Dreamstime.com: Mikhail Matsonashvili (Water). Getty Images: Gerry Ellis / Digital Vision (b). 45 Dreamstime.com: Orlandin (br). Rex Shutterstock: Mohamed Babu / Solent News (crb). 46-47 Corbis: Christian Naumann / dpa. 47 123RF.com: dipressionist (bc); Michael Lane (bl). 48 naturepl.com: Klein & Hubert (c). 48-49 naturepl.com: Klein & Hubert (c). 49 Alamy Images: The Natural History Museum (cr). Corbis: Stephen Belcher / Minden Pictures (crb). naturepl.com: Klein & Hubert (c). 50-51 Dreamstime.com: Shawn Hempel (c). 51 Dreamstime.com: Iakov Filimonov (br/pheasant); Alexander Potapov (b). naturepl.com: Andy Rouse (tr). 52-53 Alamy Images: Arco Images / de Cuveland, J. (c). 53 Alamy Images: FLPA (tc). Dreamstime.com: Gillian Hardy (tr). Getty Images: Mint Images / Art Wolfe (cr); Wayne Lynch (tc/arctic tern chick). 54-55 Dreamstime.com: Sim Kay Seng (c). 54 Corbis: Mike Danzenbaker / BIA / Minden Pictures (cl). 55 Getty Images: Tom Robinson (c). 56-57 Getty Images: Visuals Unlimited, Inc. / Joe McDonald (c). 57 Alamy Images: Werli Francois (bl). Dreamstime.com: Linkman (cra). Getty Images: Visuals Unlimited, Inc. / Dave Watts (crb). 58-59 Getty Images: Johnny Johnson (c). 59 Alamy Images: Thomas Kitchin & Victoria Hurst / Design Pics Inc (tc). Corbis: Frank Lukasseck (br). FLPA: Flip Nicklin (tl). 60-61 naturepl.com: Inaki Relanzon (c). 60 123RF.com: andreanita (bl). Getty Images: Ed George (b). 62 Corbis: Tui De Roy / Minden Pictures (c). Getty Images: David Haring / DUPC (bl). 62-63 Christine Barraclough: (c). 66-67 Photoshot: Biosphoto. 67 Alamy Images: blickwinkel / Hauke (br). naturepl.com: Solvin Zankl (crb). 68-69 Alamy Images: Reinhard Dirscherl. 68 Alamy Images: Norbert Schuster / Premium Stock Photography GmbH (bc). Dreamstime.com: Sergey Skleznev (bl). 70-71 Corbis: Visuals Unlimited (b). Dreamstime.com: Irochka (Background). 70 Dreamstime.com: Marco Lijoi (clb). 71 123RF.com: Norman Krau (br). Getty Images: Ian West (c). 72-73 Dreamstime.com: Felix Renaud (t). naturepl.com: Sylvain Cordier (cb); Brent Stephenson (c). 72 Corbis: Anthony Pierce / robertharding (bl). 73 Corbis: Stephen Dalton / Minden Pictures (bc); Joe McDonald (bl). 74-75 Getty Images: Michele Westmorland (t). 75 123RF.com: Yutakapong Chuynugul (cr); Marc Henauer (bc). Corbis: Jeffrey L. Rotman (cb). iStockphoto.com: lilithlita (tr). 76-77 Alamy Images: Reinhard Dirscherl (b). Dreamstime.com: Vdevolder (Background). 77 Dreamstime.com: Serg_dibrova (crb); Mychadre77 (br). naturepl.com: Roberto Rinaldi (cla). 78-79 Ardea: Augusto Leandro Stanzani (c). 79 Alamy Images: Marshall Ikonography (cr). Getty Images: Gerhard Schulz (br). 80 naturepl.com: David Shale (clb, cb). 80-81 Corbis: David Shale / Nature Picture Library (bc). 81 Getty Images: Norbert Wu (b). Science Photo Library: Richard R. Hansen (tl); Vincent Amouroux , Mona Lisa Production (tc). 82 Fotolia: uwimages (c). 82-83 Dreamstime.com: Irochka (Background). iStockphoto.com: strmko (c). 83 Corbis: Dray van Beeck / NiS / Minden Pictures (br). Dreamstime.com: Camptoloma (tc); Lightdreams (c). Fotolia: uwimages (cb). iStockphoto.com: Dovapi (cr). Photoshot: Daniel Heuclin / NHPA (tl). 84 Alamy Images: donna Ikenberry / Art Directors (bl). Corbis: Hal Beral (clb). 84-85 Alamy Images: Teila K. Day Photography (c). 85 Photoshot: (tr). 86-87 Dreamstime.com: Goce Risteski (c). 86 Alamy Images: Heather Angel / Natural Visions (bc). Corbis: Michael & Patricia Fogden (bl). 87 Dreamstime.com: Mikhailsh. 88 Science Photo Library: Alexis Rosenfeld. 89 Dreamstime.com: Johannes Gerhardus Swanepoel (bl); Bidouze Stéphane (bc). 92-93 Alamy Images: blickwinkel. 93 Alamy Images: David Chapman (ca). Corbis: Stephen Dalton / Nature Picture Library (tc). 94-95 Robert Harding Picture Library: Michael Weber (c). 95 naturepl.com: Tim Laman / National Geographic Creative (br). Rex Shutterstock: Jurgen Otto / Solent News (cr). 96-97 Corbis: Mitsuhiko Imamori / Minden Pictures. 96 Alamy Images: Kari Niemeläinen (bl); Paul R. Sterry / Nature Photographers Ltd (clb). 97 Dreamstime.com: Sakdinon Kadchiangsaen / Sakdinon (tr). 98-99 Alamy Images: Kim Taylor / Nature Picture Library. 99 Alamy Images: Frans Lanting Studio (bc); GFC Collection (bl). 100 Alamy Images: David Hosking (bc). Science Photo Library: Power And Syred (bl). 100-101 Science Photo Library: Steve Gschmeissner (c). 102-103 Corbis: Hannie Joziasse / Buiten-beeld / Minden Pictures. 102 Corbis: Dennis Kunkel Microscopy, Inc. / Visuals Unlimited (bc). 103 Corbis: Stephen Dalton / Minden Pictures (cr); Seraf van der Putten / Buiten-beeld / Minden Pictures (br). 104-105 Alamy Images: blickwinkel / Teigler (c). 105 Alamy Images: Carlos Villoch / VWpics / Visual&Written SL (cr). Corbis: Martin Harvey (c). 106-107 Getty Images: Media for Medical / Universal Images Group (c). 106 Getty Images: Tim Flach / Stone (c). 107 Alamy Images: blickwinkel / Hecker (bc). Corbis: Rene Krekels / NiS / Minden Pictures (bl). 108 Alamy Images: The Natural History Museum, London (b). Dorling Kindersley: Natural History Museum, London (tl). Getty Images: Tim Flach / Stone (tr); Gerard Lacz / Visuals Unlimited, Inc. (cl). 109 Corbis: Mark Moffett / Minden Pictures (tr). 110-111 naturepl.com: Kim Taylor (c). 110 Corbis: Michael & Patricia Fogden (bl); Hiroya Minakuchi / Minden Pictures (cl). 114 Science Photo Library: Power And Syred (c). 114-115 4Corners: Andrea Vecchiato / SIME. 115 123RF.com: rclassenlayouts (cr). Corbis: HAGENMULLER Jean-Francois / Hemis (br). 116-117 Getty Images: MarkBridger (c). 117 Alamy Images: aroona kavathekar (bc/beetle). Dreamstime.com: Xunbin Pan (bc). naturepl.com: John Downer Productions (bl). 118 Corbis: Ivan Kuzmin / imageBROKER. 119 123RF.com: happystock (c). iStockphoto.com: bucky_za (c); CathyKeifer (c). 120-121 Dreamstime.com: Vdevolder (Background). naturepl.com: Jane Burton (c). 121 Alamy Images: Images&Stories (crb). iStockphoto.com: AlasdairJames (br). 122 naturepl.com: Nature Production (cl). 122-123 Corbis: Patrick Kientz / Copyright : www.biosphoto. com / Biosphoto (c). 123 Corbis: John Downer / Nature Picture Library (cr). 124-125 Dorling Kindersley: Thomas Marent (c). 125 Corbis: Thomas Marent / Minden Pictures (cl). Dreamstime.com: Pascal Halder (tr). Science Photo Library: Eye Of Science (bc). 126-127 Dreamstime.com: Marcin Ciesielski / Sylwia Cisek / Eleaner (c). 126 Corbis: Mitsuhiko Imamori / Minden Pictures (bc); Flip Nicklin / Minden Pictures (bl). 127 Corbis: Frans Lanting (tr). 128 Alamy Images: Oleksandr Lysenko (bl); Ryan M. Bolton (cl). 128-129 Alamy Images: Maresa Pryor / Danita Delimont, Agent (c). 129 NASA: JPL (cra) 130-131 Getty Images: The Asahi Shimbun (c). 131 Alamy Images: Mark Conlin (br); Ernie Janes (bc). Corbis: Michael & Patricia Fogden (tr). naturepl.com: Brandon Cole (cr). 132-133 Getty Images: Danita Delimont / Gallo Images (c). 132 Alamy Images: Sohns / imageBROKER (bl). Getty Images: MOF / Vetta (bc). 133 Corbis: Martin Harvey (tc). 137 Dorling Kindersley: Jerry Young (tr). Dreamstime.com: Achmat Jappie (bl) 140 Dreamstime.com: Vaeenma (bc). 141 Dorling Kindersley: Greg and Yvonne Dean (bl). 142 naturepl.com: Roberto Rinaldi (bc); Fotolia: uwimages (br). 143 Dorling Kindersley: Twan Leenders (br). 145 Dorling Kindersley: Twan Leenders (tr).

封面：

缩写说明：a–上方；b–下方/底部；c–中间；f–底图；l–左侧；r–右侧；t–顶端。

Jacket images: Front: Dorling Kindersley: Greg and Yvonne Dean tr, Thomas Marent ca/ (Strawberry Poison Dart Frog), Natural History Museum, London tc; Dreamstime.com: Cynoclub fcla, Achmat Jappie bc, Vaeenma cra/ (cricket); Fotolia: uwimages cla; Photolibrary: White / Digital Zoo bl; Back: Corbis: Visuals Unlimited c; Dorling Kindersley: Jerry Young bl

所有其他图片的版权属于Dorling Kindersley公司。